# 小学生 C++ 编程启蒙

（上册）

上海宝牙科技发展有限公司 ◎ 主编

清华大学出版社
北京

## 内 容 简 介

本书以"故事＋漫画"的形式展开，将 C++ 语言编程的基础知识和小学生身边的计算机编程日常应用相结合，借助动画人物讲授知识。本书弱化了对编程语法知识的讲解，侧重于编程的原理和应用，通过一个个小故事让小学生掌握编程的方法和思路。同时，本书将科学家精神、创新思维和创新理念融入故事中，可以培养和提升小学生的 STEAM 素养。

本书可作为小学生 C++ 编程的培训教材，也可供计算机编程爱好者阅读和参考。

**图书在版编目（CIP）数据**

小学生 C++ 编程启蒙 / 上海宝牙科技发展有限公司主编 . —北京：清华大学出版社，2023.10
ISBN 978-7-302-64316-6

Ⅰ.①小…　Ⅱ.①上…　Ⅲ.① C++ 语言 – 程序设计 – 少儿读物　Ⅳ.① TP312.8

中国国家版本馆 CIP 数据核字（2023）第 144363 号

责任编辑：郭　赛
封面设计：杨玉兰
责任校对：郝美丽
责任印制：曹婉颖

出版发行：清华大学出版社
　　　　网　　　址：http://www.tup.com.cn, http://www.wqbook.com
　　　　地　　　址：北京清华大学学研大厦 A 座　　　邮　　编：100084
　　　　社 总 机：010-83470000　　　　邮　　购：010-62786544
　　　　投稿与读者服务：010-62776969, c-service@tup.tsinghua.edu.cn
　　　　质量反馈：010-62772015, zhiliang@tup.tsinghua.edu.cn
　　　　课件下载：http://www.tup.com.cn, 010-83470236
印 装 者：三河市铭诚印务有限公司
经　　销：全国新华书店
开　　本：203mm×260mm　　　印　张：27.5　　　字　　数：501 千字
版　　次：2023 年 10 月第 1 版　　　印　　次：2023 年 10 月第 1 次印刷
定　　价：108.00 元（全两册）

产品编号：101723-01

# 主要人物介绍

丁丁老师

宝牙编程学院的信息老师，授课形象生动，很有耐心，深受学生喜欢，精通 Scratch、C++、C# 等多门语言，能够利用计算机语言编写动画、游戏、各类 App 等。

大 宝

宝牙编程学院的帅气男孩，思维活跃，爱动脑筋，喜欢运动，乒乓球打得超级棒，喜欢利用 Scratch、C++ 编写各类小游戏。

大 牙

宝牙编程学院的机灵鬼，想象力丰富，爱动脑筋，问题多，擅长利用 Scratch 制作动画，C++ 也很厉害，一般的程序都难不倒他。

## 班级花名册

| 学 号 | 姓 名 | 性 别 |
|---|---|---|
| 190101 | 大宝 | 男 |
| 190102 | 大牙 | 男 |
| 190103 | 小柯 | 女 |
| 190104 | 木木 | 男 |
| 190105 | 星星 | 女 |
| ⋮ | | |
| 190130 | 壮壮 | 男 |

少儿编程火了！

2017 年 7 月，国务院发布新一代人工智能国家战略。该战略明确提出"实施全民智能教育项目，在中小学阶段设置人工智能相关课程，逐步推广编程教育。"此后，少儿编程教育犹如雨后春笋般在全国各地迅速开展，并蓬勃发展。

笔者从 2017 年开始接触少儿编程教育，此前在大学从事计算机编程的一线教学工作。从 2017 年至今，笔者见证了少儿编程教育从原来的无人知晓到现在的家喻户晓。随着学习编程的中小学学生人数的逐年增多，随之而来的问题就是——以前在大学阶段开设的计算机编程课程，现在全面提前到中小学阶段，很多中小学学生无法适应大学阶段的教学方法，往往会在学习一段时间后，因不能入门而遗憾退出。

如何才能让中小学学生更容易地学习编程呢？这是笔者一直在探索的问题。经过多年的教育教学实践，笔者发现，大学阶段的编程教学一般从程序设计语言的语法讲起，十分枯燥，很容易让中小学学生失去学习的兴趣和动力。于是，在后来的教学中，笔者逐渐改变教学模式，首先弱化语法，从编程的应用出发，给学生展示编程的应用场景，再讲解编程的思路，最后给出程序的实现代码。这样一来，学生就能够知道自己编写的这些代码的作用，然后就可以厘清编程的思路，最后完成整个程序，难度就会大幅下降。只要程序的功能实现了，学生的成就感就会

油然而生。随后，凭借一次非常幸运的机会，笔者加入了上海宝牙科技发展有限公司。该公司以大宝和大牙这两个卡通人物为主人公，进行科普知识的宣传和推广，深受小朋友的喜爱。公司的这种教学模式又给了笔者新的灵感——大宝和大牙如此深受小朋友的喜爱，何不让他们来担

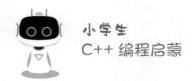
小学生
C++ 编程启蒙

任主角，把编程应用与大宝和大牙的生活联系起来，这样一来，小朋友就可以更容易地学习编程了。带着这个思路，笔者利用两年的时间编写了这本图书。希望本书能够激发小朋友学习编程的兴趣，成为小朋友学习编程的启蒙老师。

本书的特点如下：

（1）每课均由一个故事组成，或是疑难问题，或是身边趣事，每个故事均由笔者精心编写，饶有趣味；

（2）每课均配有精美的卡通插图，旨在帮助小朋友在学习编程的同时，放飞思维的想象，与大宝和大牙一起探索编程的奥秘。

笔者在编写本书的过程中得到了很多朋友的帮助和支持。首先感谢上海宝牙科技发展有限公司的李成、吴万华、茆福林、郁怀荣，他们给笔者提出了许多编写建议和思路；其次感谢盐城师范学院的王成成、尤文、朱峰等同学，他们参与了故事改编和稿件审核工作；最后感谢上海宝牙科技发展有限公司的臧杰、陈昕等设计师，她们绘制的精美插图让大宝和大牙的故事能够更加生动形象地展示给读者。

笔者在编写本书的过程中参考了网络上的一些文章和资料，由于来源广泛，无法一一列出，故在此一并表示感谢。

尽管笔者努力让本书趋于完美，但鉴于水平有限，书中难免存在错误和不足之处，期盼广大读者批评、指正。

上海宝牙科技发展有限公司

丁向民

2023 年 8 月

目　录

（上　册）

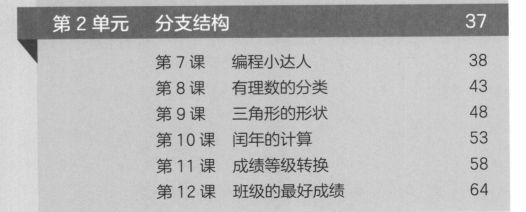

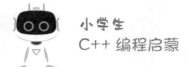

# 什么是 C++

新学期到了，同学们都迈进了校园。

一进校园，同学们就被学校门口的一张海报吸引了。

大家围着海报讨论着，一位老师走了过来。

丁丁老师 "各位同学好，我是丁丁老师，本学期会给同学们开设一门新的课程——C++ 高级程序设计语言。大家学习之后，就可以将自己所学的知识应用到海报上的领域。计算机编程的应用领域非常广泛，哪位同学还知道计算机编程在生活中的其他应用吗？"

大牙 "我知道，我爸爸经常利用编程来分析实验数据。"

星星 "编程可以用来编写游戏，我哥哥就是游戏设计师。"

小柯 "我也知道，办公自动化。"

丁丁老师 "很好，几位同学说的都是对的。我再来补充一下，如今编程已经普及到了各行各业，物联网、大数据、云计算也都用到了计算机编程。未来的时代是人工智能时代，是计算机程序的时代，所以大家一定要认真学习计算机编程。"

慢着，慢着，大牙有问题！

大牙 "那是不是我们说的每一句话计算机都能识别呢？"

丁丁老师 "不是，计算机能够直接识别并执行的语言叫作机器语言，机器语言由二进制数 0 和 1 构成。你们知道'3+5'怎么用机器语言表示吗？"

大牙，星星 "丁丁老师，我们不知道。"

丁丁老师 "那让我们看看'3+5'怎么被计算机识别吧。"

| | 机器语言 |
|---|---|
| 3 | 00000011 |
| + | 00101011 |
| 5 | 00000101 |

丁丁老师 "因此'3+5'用机器语言表示为 00000011 00101011 00000101。"

小柯 "丁丁老师，难道我们以后写代码都是用 0 和 1 来写吗？如果这样写程序，程序难写，也容易出错，错了之后也不容易修改呀。"

丁丁老师 "小柯，你不要着急。你指出了机器语言存在的问题，为了解决这些问题，汇编语言诞生了。用特定的符号代替机器语言的二进制代码组合，就形成了汇编语言。同样，再来看看'3+5'怎么用汇编语言表示吧。"

| | 机器语言 | 汇编语言 |
|---|---|---|
| 3 | 00000011 | AX |
| + | 00101011 | ADD |
| 5 | 00000101 | BX |

丁丁老师 "因此'3+5'用汇编语言表示为 ADD AX BX。"

木木 "丁丁老师，这里的 ADD AX BX 分别是什么意思啊？"

丁丁老师 "汇编语言利用符号来代替机器语言，这里的 AX、BX 分别是计算机中参与运算的寄存器，3 和 5 首先存入这些寄存器，然后再参加运算，ADD 代表加法符号。"

木木 "丁丁老师，你刚刚说了计算机能直接识别执行的只有机器语言，那计算机是怎么识别汇编语言的？"

丁丁老师 "如果有个韩国人在和我们对话，我们听不懂他讲话怎么办？是不是需要一个翻译？计算机当中也有充当翻译的程序，叫作汇编程序，翻译的过程叫作汇编。如果是韩国人和英国人对话，那么需要翻译成的文字就不是中文了，而是英文。所以，计算机不同，汇编语言符号也不同。"

星星 "那我们岂不是要学很多种汇编语言了？"

丁丁老师 "可以这样认为，在汇编语言时代，每种型号的计算机，它的汇编语言都不完全相同，学习起来还是比较麻烦的。后来，科学家们发明了高级语言，高级语言可以在各种型号的计算机和系统下执行，并且不需要修改，而且高级语言更贴近我们的生活，更容易学会。我们看看'3+5'怎么用高级语言来表示吧。"

丁丁老师 "这里的高级语言表示方法跟我们日常用的语言一模一样，这样是不是简单很多了？"

| | 机器语言 | 汇编语言 | 高级语言 |
|---|---|---|---|
| 3 | 00000011 | AX | 3 |
| + | 00101011 | ADD | + |
| 5 | 00000101 | BX | 5 |

壮壮 "是的，那高级语言就是 C++ 吗？"

丁丁老师 "高级语言并不特指某一种具体的语言，而是包括很多编程语言，比如流行的 Java、C++、Python 等，这些语言的语法、命令格式都不相同。知道了这些基础知识，我们就可以开始正式学习啦！"

# 第 1 单元

# 顺 序 结 构

在教学楼的前面，还有另一块展板，只见上面写着：

程序设计中的很多思想都是来源于生活的，程序设计中的顺序结构思想就基于人们按步骤来完成事情的行为。学校报到流程有 3 个，按照顺序完成之后，报到就完成了。

大牙来到教室，发现班级门口围了一堆人。

大牙 "这个是什么呀，为什么放在教室门口？"

大宝 "大牙，这个是机器人。"

大宝走上前去，机器人突然开口说："大宝同学，上午好，欢迎你！"

大宝 对 大牙 说："大牙，你也试试，这个机器人认识我们班的所有人。"

大牙走上前去，机器人也开口说了一声："大牙同学，上午好，欢迎你！"

大牙 "太神奇了！它一个机器人是怎么认识我的？"

大家议论纷纷，此时丁丁老师走了过来，大家立即围了上去，让丁丁老师解释机器人的工作原理。

丁丁老师 "机器人认识大家，是因为你们的照片信息都提前存储在了机器人中，当有同学站在机器人面前时，机器人会自动将同学与已存储的照片信息进行对比，对比成功后，机器人就知道站在它面前的人是谁了，于是就会和同学打招呼。"

   大牙  "哦，太神奇了！那具体是如何实现的呢？"

   丁丁老师  "这就需要通过一门计算机语言来编程实现了。"

   大牙  "好的，那丁丁老师，快点开始吧！"

   丁丁老师  "大牙这么想学习呀！那好，从今天开始，我们就开始正式学习 C++ 语言，今天的任务就是让计算机和大家打招呼。"

只见丁丁老师打开了 C++ 的编辑器，输入了以下代码：

**案例 1：**　　**大家好。**

```cpp
#include<iostream>
using namespace std;
int main()
{
    cout<<" 大家好！";
    return 0;
}
```

   大牙  "这样就能让计算机跟我们打招呼了吗？我只认识'大家好'这三个字。"

   丁丁老师  "这是我们学习的第一个程序，要想把这个程序给大家解释清楚，也挺困难的。打个比方吧，写程序跟写作文很相似的。"

   大宝  "写作文？写作文不难呀！"

   丁丁老师  "那你还记得你写的第一篇作文吗？"

   大宝  "第一篇呀！我记得很清楚，当时我写了一个下午才写完。"

   丁丁老师  "是的，万事开头难，但一旦开了头，就不难了！下面我们来看看编写程序和写作文有哪些相似之处吧。"

| 写　作　文 | 编　写　程　序 |
| --- | --- |
| 字、词<br>例如：我、今天 | 关键字<br>例如：int、main |

续表

| 写 作 文 | 编 写 程 序 |
|---|---|
| 句子<br>例如：今天天气很好。<br>说明：句子以句号结束。 | 语句<br>例如：return 0;<br>说明：语句以 ; 结束 |
| 段落<br>今天天气很好。我高高兴兴地背着书包去学校。<br>说明：段落开头要空 2 个字符，一个段落要表达一段完整的意思。 | 函数<br>`int main()`<br>`{`<br>　　`cout<<" 大家好！";`<br>　　`return 0;`<br>`}`<br>说明：main 是函数名，int 是函数的返回值类型，表示整数，与 return 0 相对应。函数以左括号 "{" 开始，以右括号 "}" 结束。 |

小柯 "丁丁老师，我发现你写的第一句话

```
#include<iostream>
```

就没有分号，是不是你写错了？"

丁丁老师 "小柯同学观察得真细心，大家发现没有？第一句话除了没有分号，还有一个特点，就是以 # 开头，这是预处理命令，它并不是 C++ 中的一个语句，它的主要功能是包含 iostream 文件。"

小柯 "包含这个文件干嘛？"

丁丁老师 "你写作文时，是不是经常会引用一些教科书或者作文选中的优美句子？"

小柯 "对的。"

丁丁老师 "这个语句类似于声明一下你所引用的句子出自哪本作文选。在这里，主要表示文件中的 cout 语句出自 iostream 文件。"

大宝 "那第二句

```
using namespace std;
```

的作用又是什么呢？"

丁丁老师 "该句指明程序采用了 std（标准）命名空间。现在的程序都是由许多人一起编写的,有些词语可能会出现异议。比如说'苹果'这个词,张三指的是'苹果手机',李四指的是'苹果水果'。如果两人写的程序拼在一起,程序就会出现冲突了。那怎么解决呢? 我们可以在'苹果'前面加上命名空间来区分,比如

张三∷苹果
李四∷苹果

这样就不会混淆了。"

大宝 "哦,是这样。"

大牙 "丁丁老师,我知道 cout 是什么意思,就是跟我们打招呼,问候大家好!"

丁丁老师 "大牙同学说得很对,cout 语句是向输出设备,这里就是向计算机屏幕输出后面的内容。cout 语句的一般格式为

cout<< 内容 1<< 内容 2<<…<< 内容 n;

通过 cout 语句, 就可以将后面的内容依次输出到计算机屏幕上了。"

丁丁老师给大家演示了一下程序的运行,然后问大家:"大家对这个程序还有问题吗?"

大牙 "这个程序没有问题了,但是这个程序只能向大家问好,没能像机器人那样向每个同学问好。"

丁丁老师 "那好,下面我们写一个可以向每位同学问好的程序。"

**案例 2:** 打招呼。

```
#include<iostream>
using namespace std;
int main()
{
    string name;
    cin>>name;
    cout<<" 你好! "<<name;
    return 0;
}
```

丁丁老师 "由于每位同学的名字都不一样，是变化的，所以这里需要建立一个变量 name，用来存储同学们的名字。这里的 string 用来声明一下 name 变量是字符串类型。"

大牙 "丁丁老师，什么是变量呀？"

丁丁老师 "说起变量，那就要跟常量比较着来说了。用双引号括起来的都属于字符串常量，比如上面的 " 你好! "，常量的每次输出都一样，不会发生变化。但是当机器人向同学们问好时，同学们的名字是变化的，刚才大宝来，这会儿大牙又来，这就需要用一个能够变化的字符串来存储大家的名字，这就是变量。我们赋给变量什么值，变量就变化成什么值，所以叫它变量。"

大牙 "哦，那我赶快试试这个程序。"

丁丁老师 "我先来解释一下这个程序吧。cin>>name 的作用是从键盘上输入一个字符串，就是大家的名字，然后将字符串的内容赋值给 name。在后面的 cout 语句中，在输出 ' 你好! ' 的同时输出变量 name，也就是从键盘上输入的名字，这样就实现了向每个同学问好的功能。"

## 课后练一练

1. 以下不涉及计算机编程的是（　　　）。

　　A. 道路路口违章自动检测　　　　　　B. 指纹锁

　　C. 收音机　　　　　　　　　　　　　D. ETC 自动收费

2. 大宝 "丁丁老师，这个 ' # ' 怎么打出来呀？"

丁丁老师 "井号 ' # ' 和数字 ' 3 ' 在键盘的同一个键位上，正常打都是 3，要在按住 Shift 键的同时再按 3 这个键位，就能打出 ' # ' 了。"

大宝 "哦，这个 Shift 键就是切换字母的。"

丁丁老师 "Shift 键又叫上挡转换键，它有很多功能，除了切换字母，还有转换大小写字母、切换中英文等功能。"

大宝 "哦，还有一个问题，好多字母我还找不到位置，怎么才能做到像你一样指法如飞呢？"

"多练习就行了，每天抽出 10 分钟练习敲键盘，过几个月，你的指法就会很厉害了！"

丁丁老师

"是吗？那我要赶紧练习了！"
大宝

"刚开始学习时，一定要用十根手指敲击键盘，不能'一指禅'，你可以下载一个金山打字通软件来辅助练习指法。"
丁丁老师

**任务：** 下载一款打字辅助软件，辅助练习打字，每天 10 分钟。

3. 丁丁老师想让每位同学利用 C++ 语言做一个自我介绍，请帮助同学们补充程序，使程序能够运行出如下结果：

```
大家好，我叫 ×××，我的学校是 ××××××。
#include<iostream>
using namespace std;
int main()
{
    string name;
    string school;
    cin>>name>>school;
    cout<<" 大家好，我叫 "<< (1) <<"，我的学校是 "<< (2) <<"。";
    return 0;
}
```

**小宝箱**　　　　　　　　　常用关键字词意

| | | |
|---|---|---|
| ○ | include [ɪn'klu:d] v. | 包括；包含 |
| ○ | iostream [aɪəʊstri:m] n. | 输入 / 输出流；是 input output stream 的缩写 |
| ○ | using ['ju:zɪŋ] v. | 使用；运用；是 use 的现在分词 |
| ○ | namespace ['neɪmspeɪs] n. | 命名空间 |
| ○ | std [st(j)u:] n. | 标准（standard）的缩写 |
| ○ | int [ɪnt] n. | 整数（integer）的缩写 |
| ○ | main [meɪn] adj. | 主要的；最重要的；为主函数 |
| ○ | cout ['kaʊt] n. | 标准输出；被分类为流对象，其类型是 iostream |
| ○ | return [rɪ'tɜ:n] v. | 返回 |

# 四则混合运算

大牙做完了一些数学计算题，想用计算器来验证一下自己计算的题目是否正确，可是他身边没有计算器。

大牙 问："哪位同学带计算器了？"
大家纷纷摇头。

这时丁丁老师走了过来，问明情况后，她对大家说："数据计算是计算机最早的应用领域，通过编程可以很方便地进行计算，今天我就给大家讲讲如何利用 C++ 语言进行四则混合运算，这样就不需要计算器了。"

**案例 1：** 加法运算 3+5。

```cpp
#include<iostream>
using namespace std;
int main()
{
    cout<<3+5;
    return 0;
}
```

丁丁老师 "这个程序可以直接得出 3+5 的结果 8，只要大家对其中的表达式'3+5'稍做修改，就可以计算其他数学运算题目了。"

大牙 "丁丁老师，这个程序很简单，我懂了。可是键盘上没有乘号 × 和除号 ÷ 啊。"

丁丁老师 "对的，英文字符中没有乘号 × 和除号 ÷，所以 C++ 语言利用另外两个符号来代替。具体的运算符大家看这张表。"

| 符 号 | 加 号 | 减 号 | 乘 号 | 除 号 | 取 余 |
|---|---|---|---|---|---|
| 字符 | + | - | * | / | % |
| 例子 | 4+6=10 | 6-4=2 | 6*4=24 | 6/4=1 | 6%4=2 |

大牙 "丁丁老师，我有一个问题，就是除法运算 6/4 怎么等于 1 呢？不是应该等于 1.5 吗？"

丁丁老师 "这里由于参与除法的两个数都是整数，所以计算机就是以整除运算进行数据运算的。整除运算和取余运算可以利用以下数学表达式表示

$$6 \div 4 = 1 \cdots\cdots 2$$

就是这样。"

大牙 "那就算不出 1.5 了吗？"

丁丁老师 "如果参与除法的两个数中有一个包含小数，那么计算结果就可以得出 1.5 了。表达式如下：

6/4.0=1.5 或者 6.0/4=1.5。"

大牙 "哦，是这样，那对于四则混合运算，也可以直接计算吗？"

丁丁老师 "当然了，四则混合运算要注意符号的优先级，就是计算的顺序。程序的计算顺序与数学上的相同，要先算括号里的，再算乘除，最后算加减。"

**案例 2：** 四则混合运算。

```cpp
#include<iostream>
using namespace std;
int main()
{
    cout<<(3+5)*2-4;
    return 0;
}
```

大牙 "哦，这个工具太好了，可以直接计算算式了。"

大宝 "丁丁老师，总感觉还是不太方便，每计算一个算式，都需要修改一下源程序。有没有什么办法能够像使用计算器一样，只要输入数字就能计算出结果？"

"大宝的想法很好，可以用变量存储要计算的数据，实现计算数据的变化。"

**案例3:** 四则混合运算增强版。

```cpp
#include<iostream>
using namespace std;
int main()
{
    int a,b;
    cin>>a>>b;
    cout<<a<<"+"<<b<<"="<<a+b;
    return 0;
}
```

丁丁老师 "这里我们定义了两个整型变量 a 和 b，同学们可以从键盘上输入任意两个整数，结果都存储在了 a 和 b 中，这样就可以计算 a+b 的值了。"

大牙 "丁丁老师，我还是不太明白变量，能讲得清楚一点吗？"

丁丁老师 "你看老师桌上的这个置物架，可以把这个置物架比作计算机内存。"

丁丁老师 "放红笔的这个格子，把红笔拿出来是不是也可以放铅笔？"
大牙点了点头。

丁丁老师 "那我用 a 来表示放红笔的这个格子，b 和 c 分别表示放蓝笔和黑笔的格子。a，b，c 三个格子是不是一样大，而且放的都是笔？"

"丁丁老师，对的。"

"那么 a，b，c 都属于 pen，是笔类型；d，e，f 都属于 book，是书类型；h，i，j 都属于 object，是小物品类型。int 的作用就是定义数据存放的类型为整数型；而 a 和 b 就是变量，代表 a 和 b 可以存放数据，而且这个数据不是固定的。"

"丁丁老师，我理解了。那么 a 和 b 中的数据只能从键盘输入吗？"

"不一定，下面这段代码就是直接赋值的。"

**案例4：** 四则混合运算赋值版。

```cpp
#include<iostream>
using namespace std;
int main()
{
    int a,b;
    a=10;
    b=2;
    cout<<a*b;
    return 0;
}
```

 课后练一练

1. 下面的程序语句的运行结果是（　　）。

```cpp
cout<<（15-7%2）/3+2;
```

A. 3            B. 4            C. 5            D. 6

2. 学校给每个班发了 200 本练习本，每人班级一共有 42 位同学。请编程计算每位同学可以收到多少本？剩余多少本？

```cpp
#include<iostream>
using namespace std;
```

```
int main()
{
    int a,b;
    a=200;
    b=42;
    cout<<" 每位同学应该发 "<<__(1)__<<" 本。";
    cout<<" 班级剩余 "<<__（2）__<<" 本。";
    return 0;
}
```

3. 小柯的数学练习中都是"13+24+52＝？、32+53+62＝？、59+53+25=?"这样的三个数字连加的形式，请你编写一个程序，实现自动输入三个数并计算出结果。

输入 / 输出示例：

输入：

```
13 24 52
```

输出：

```
13+24+52=89
```

# 班 级 人 数

丁丁老师 请大宝数一下班级人数。

大宝 1、2、3、4、5……

那边的同学怎么回事？别乱跑！完了，数到多少了？

只能重新数，1、2、3、4、5……

"大宝，大宝，壮壮上厕所了，马上回来！" 星星 说。

"好的，好的。那壮壮就先不数了，等他回来再数。"完了，又打岔了，又数到多少了？

大宝好不容易把人数数全，就向丁丁老师汇报了一下。

大宝 "丁丁老师，今天数人数，我数了好几遍才数清楚，主要是因为中间有人打岔，然后我就忘记数到多少了。"

丁丁老师 "嗯！也是，这么多同学要数清楚也不容易！"

"丁丁老师，我看到我妈妈的单位不用人来数人数，只需要点一下手机的'签到'按钮就行了！"

"哦！那是手机 App，每人点一下按钮，系统就会自动将人数加 1。"

"丁丁老师，这个手机 App 是如何实现的呢？"

"完全实现手机 App 比较复杂，你这么感兴趣，我就教教你如何实现人数的自动统计吧。"

**案例 1：** 数班级人数。

```cpp
#include<iostream>
using namespace std;
int main()
{
    int i;
    i=0;
    i=i+1;              // 每人点击一下按钮，就执行一次 i=i+1
    i=i+1;              // 这里可以添加若干 i=i+1
    cout<<i;
    return 0;
}
```

"丁丁老师，这里变量 i 等于 0 是什么意思？后面的变量 i 等于 i+1 就更奇怪了！"

"这里的 i=0 不读'i 等于 0'，'='是赋值符号，读作'0 赋给 i'，意思是将 0 放到变量 i 中，这样的操作称为赋值，于是变量 i 中的值就是 0 了。"

"哦，是这样啊。"

"i=i+1 这句有两个运算符，一个是赋值符号'='，另一个是加号'+'，相比而言，加号'+'的优先级比赋值符号'='更高，所以要先计算'+'，再计算'='。这句话的意思就是把变量 i 的值加 1，然后把相加的结果再赋值给 i。"

"哦，我明白了！"

丁丁老师 "这一切操作都是在计算机内存中进行的，比如：

```
int i;
```

这句话就代表从内存中申请一个空间来存放整数 i，然后 i=0 表示将变量 i 赋值成 0。这个程序语句的执行以及内存中 i 的变化情况如下图所示。"

| 程序 | int i; | 内存i值 | 随机值 |
|---|---|---|---|
| | i=0; | | 0 |
| | i=i+1; | | 1 |
| | i=i+1; | | 2 |
| | i=i+1; | | 3 |

大宝 "丁丁老师，其他的我都能看懂，可是为什么定义变量 i 时，内存中 i 的值会是随机值呢？"

丁丁老师 "因为在我们定义变量时，计算机会随机分配某一块内存空间给变量，用于存放它的值，可是这一块空间之前放了什么东西我们并不知道，所以当我们定义变量时，内存中的这个变量的值就是随机值。"

大宝 "是这样呀！"

丁丁老师 "刚开始学习 C++ 时，了解程序执行过程中内存的变化非常重要，可以帮助我们分析程序，对阅读程序和程序找错都很有用。"

大宝 "哦，那我要学学这个方法呢！"

丁丁老师 "大家都要学学，我也会在后面的练习中让大家利用这个工具来分析，当然，大家要自觉地使用这个方法来分析程序。"

大宝 "好的方法，当然要用。"

丁丁老师 "C++ 是一门精练的编程语言，所以赋值语句'i=i+1'也可以简化成'i++'，其中，'++'叫作自加运算符或自增运算符。"

大宝 "哦，那怎么用呢？"

丁丁老师 "上面的程序可以修改成以下的程序。"

**案例 2:** 数班级人数修改版。

```cpp
#include<iostream>
using namespace std;
int main()
{
    int i;
    i=0;
    i++;
    i++;
    cout<<i;
    return 0;
}
```

大宝 "老师,这样写是简单了一些,但是好像理解起来有点难!"

丁丁老师 "这是 C++ 的语法定义,你用多了就习惯了。自增运算符还有一种形式,就是'++i'。"

大宝 "都是表示加 1 操作,弄这么多写法干什么呢?难道'i++'和'++i'表示加 1 操作还有不同吗?"

丁丁老师 "大宝厉害,确实有不同的地方。"

| | i++ | ++i |
|---|---|---|
| 不同<br>(和赋值语句联合使用) | i=0;<br>x=i++;<br>该赋值语句分成两步,首先将 i 值赋值给 x,然后 i++<br>x 值为 0,i 值为 1 | i=0;<br>x=++i;<br>该赋值语句分成两步,首先 ++i,然后将 i 值赋值给 x<br>x 值为 1,i 值为 1 |
| 相同 | 单独使用时,都是加 1 操作 | |

大宝 "哦,那有没有 i--、i**、i// 呢?"

丁丁老师 "i-- 是有的,它的功能是减 1 操作,--i 也是有的。但 i** 和 i// 就没有了,你可以试着想一下,如果 i** 存在,它的意思就应该是 i=i*1,而一个数乘以 1 还是它本身,没有计算的意义。i// 也是同样的道理。"

大宝 "那我知道了。还有一个问题,在班级数同学人数时,两位同学共用一张桌子,如果我将 2 个同学一起数,那程序会怎么表达呢?"。

丁丁老师 "哦,这个问题很好,2 个同学一起数的话,有 2 种表达方式。"

**案例 3:** 数班级人数 2 人一起数。

```cpp
#include<iostream>
using namespace std;
int main()
{
    int i;
    i=0;
    i=i+2;          // 将变量值增加 2
    i+=2;           // 这两种方式等价,都是 2 人一起数
    cout<<i;
    return 0;
}
```

大宝 "那就是说 i+=2 和 i=i+2 是相同的。"

丁丁老师 "对的,C++ 的语法非常灵活,采用 i+=2 可以把表达式变得更简单一点。"

大宝 "这种表达式中,-=、*=、/= 都有吧?"

丁丁老师 "是的,这些叫复合赋值运算符,一共有五个,分别是 +=、-=、*=、/= 和 %=。"

✏️ **课后练一练**

1. 下面的程序语句中,不能把变量 i 的值增加 1 的语句是 (　　　)。

　　A. i=i+1　　　　　B. i+1　　　　　C. i++　　　　　D. i+=1

2. 大宝写了一个程序,请大家看看它的输出结果是 (　　　)。

```
#include<iostream>
using namespace std;
int main()
{
    int sum=0,i=0;
    i=i+1;
    sum+=i;
    sum+=i++;
    cout<<sum<<" "<<i;
    return 0;
}
```

程序变量跟踪表

| sum | i |
| --- | --- |
| | |

A. 2  2          B. 2  3          C. 3  2          D. 3  3

3. 班级一共有 30 名同学，每天都可能会有同学请假，假设请假的人数是 n 个人（n 可以是 0），请大家编写一个程序，输入请假的人数，输出班级现有的人数。

输入 / 输出示例：

输入：

3

输出：

27

```
#include<iostream>
using namespace std;
int main()
{
    int number,n;
    cin>>n;
    _____(1)_____;
    cout<<number;
    return 0;
}
```

# 第4课　光年的表示

"告诉大家一个好消息，我国的'天问一号'飞行器已经着陆火星了！" 大牙 兴奋地喊道。

大家听到这个消息，立马都围了上来，询问具体情况。

"天问一号从2020年7月发射升空,到2021年5月着陆,飞了将近十个月了！" 大宝 说。

大牙 "是的，地球离火星远着呢！"

大宝 "大牙，你知道地球距离火星具体有多远吗？"

大牙 "嗯……具体忘记了，但我知道天体之间的距离都是用光年表示的，应该有几光年吧！"

大宝 "哈哈，一光年是多远你知道吗？"

大牙 "嗯……这个我也忘记了。"

大宝 "哈哈。"

大牙 "你不要笑话我，我知道怎么计算，光的速度是 300 000 千米 / 秒，光走一年的路程就是一光年，我现在就可以利用学过的程序把光年计算出来。"

光的速度：300 000千米/秒

**案例 1：** 光年的计算。

```cpp
#include<iostream>
using namespace std;
int main()
```

```
{
    int light_year=300000;
    light_year*=60;              // 一分钟的距离
    light_year*=60;              // 一小时的距离
    light_year*=24;              // 一天的距离
    light_year*=365;             // 一年的距离
    cout<<light_year;
    return 0;
}
```

运行结果：

-1012953088

大牙 "怎么回事？我的计算没有问题呀！怎么会得出一个负数呢？"
大家也纷纷讨论，可是都不知道怎么回事。

大宝 "大家还是去问问丁丁老师吧！"

丁丁老师 "大牙的程序写得很好，思路没有问题，问题出在了数据类型的定义上。"

大牙 "什么是数据类型呀？"

丁丁老师 "顾名思义，就是数据的类型，由于计算机要表示的数据五花八门，所以就要设计不同的表示方法来表示数据。比如常见的数据类型有整数、浮点数、字符等。"

大牙 "这里用整数 int 数据类型不对吗？"

丁丁老师 "计算机中，整数型的数据类型一共有三种：short、int、long long。这主要是为了表示不同长度的整数而设计的，类似于时间中的秒、分、小时。如果是百米跑比赛，就采用秒作为单位；如果是 1500 米跑比赛，则采用分钟作为单位；如果是马拉松比赛，就要采用小时作为单位了。"

大牙 "哦，我有点儿明白了，那么光年应该采用什么单位的数据类型呢？"

丁丁老师 "让我们来看一下下面这张表。"

| 数据类型 | 占用的二进制位 | 取 值 范 围 |
|---|---|---|
| short | 16 | -32 768~32 767 |

续表

| 数据类型 | 占用的二进制位 | 取 值 范 围 |
|---|---|---|
| int | 32 | −2 147 483 648~2 147 483 647 |
| long long | 64 | −9 223 372 036 854 775 808~9 223 372 036 854 775 807 |

大牙 "哦，那我知道了，光年的数据太大了，利用 int 表示不了，应该改用 long long 类型。"

丁丁老师 "对的。"

大牙 "那我还有一个问题，既然表示不了，程序应该会出现错误，现在非但没有出现错误，反而给出一个负数结果？"

丁丁老师 "大牙的这个问题提得特别好。计算机采用了数据'溢出'原理，也就是类似一个钟表，表示的最大值是 12 小时，现在如果要它表示 13 小时，那么它不会报错，而是会指向 1 点的位置，超过 12 小时的时间就算是'溢出'了。"

大牙 "哦，我明白了，我现在就把程序修改一下。"

**案例 2：** 光年的计算改进。

```
#include<iostream>
using namespace std;
int main()
{
  long long light_year=300000;
  light_year*=60;          // 一分钟的距离
  light_year*=60;          // 一小时的距离
  light_year*=24;          // 一天的距离
  light_year*=365;         // 一年的距离
  cout<<light_year;
  return 0;
}
```

运算结果：

9460800000000

大牙 "太棒了！结果出来了！要是数值比 long long 还要大该怎么办呢？"

丁丁老师 "可以采用浮点数来表示，也就是科学记数法，比如一光年采用科学记数法表示为

$$9.4608 \times 10^{12}$$

计算机中的简化表示为 9.4608E12。"

大牙 "浮点数能表示多大的数呢？"

丁丁老师 "大牙这是要打破砂锅问到底呀，很好，我们一起来看一下这张表。"

| 数 据 类 型 | 占用的二进制位 | 取值范围（绝对值，即正数部分） |
|---|---|---|
| float | 32 | 0 以及 $3.4 \times 10^{-38}$ ~ $3.4 \times 10^{38}$ |
| double | 64 | 0 以及 $1.7 \times 10^{-308}$ ~ $1.7 \times 10^{308}$ |
| long double | 128 | 0 以及 $1.2 \times 10^{-4932}$ ~ $1.2 \times 10^{4932}$ |

大牙 "为什么 float 和 int 都是占 32 位，float 表示的范围比 int 要大很多呢？"

丁丁老师 "这是由于这两种数据类型表示数据的方式不同。float 类型把数据分成了三部分：1 位表示正负数，8 位表示指数大小，23 位表示小数部分的精度。整型 int 的第 1 位表示正负数，其他 31 位全表示数值位，表示得精确，但是数据范围有限。"

大牙 "哦，怪不得浮点数表示的范围要比整数大很多呢！"

**案例 3：** 银河系的直径用光年表示约为 10 万光年，求银河系的直径用千米表示的值。

```cpp
#include<iostream>
using namespace std;
int main()
{
    long long light_year=9460800000000;
    float galaxy_radius;
    galaxy_radius=light_year*100000;
    cout<<galaxy_radius;
    return 0;
}
```

运算结果：

```
9.4608e+017
```

大牙 "银河系的直径也不算太大嘛！"

丁丁老师 "不算太大！利用科学记数法表示的数据，有时候看不出大小，但仔细算一算，你就不这么认为了。'天问一号'飞行器的飞行速度大约是 30 千米 / 秒，你能算出如果用'天问一号'飞行器飞越银河系，大概需要多长时间吗？"

动动手

你的答案：

_____ 年

课后练一练

1. 现在要定义一个变量 number，用于表示班级人数，则最优选择是（　　　　）。

　　A. short　　　　　　B. int　　　　　　C. long long　　　　　D. float

2. 小柯说光年与年是一样的计量单位，为了告诉他一年的时间（秒），请编写程序并写出运行结果。

```
#include<iostream>
using namespace std;
int main()
{
  (1)  year;
  year*=365;
  year*=24;
  year*=60;
  (2) ;
  cout<<" 一年的秒数是 "<<year;
  return 0;
}
```

3. 测量宇宙还有一种方法，就是利用天文单位，一个天文单位就是指地球到太阳的平均距离，长度大概为 149 597 870 700 米，已知太阳系的直径为 6 万多个天文单位，试编程计算太阳系的实际直径。

# 学号的含义

今天，丁丁老师把班级名册发下来了，名册上的每位同学都有一个学号、姓名和性别。

| 学　号 | 姓　名 | 性　别 | 学　号 | 姓　名 | 性　别 |
|---|---|---|---|---|---|
| 190101 | 大宝 | 男 | 190105 | 星星 | 女 |
| 190102 | 大牙 | 男 | ⋮ | ⋮ | ⋮ |
| 190103 | 小柯 | 女 | 190130 | 壮壮 | 男 |
| 190104 | 木木 | 男 | | | |

大宝 好奇地问 丁丁老师 "为什么要给每位同学一个学号？我们每个人都有名字，叫名字就好了啊。"

丁丁老师 "名字是父母起的，在家里用非常方便，在学校用有时候就不太方便了！"

大宝 "怎么不太方便了？"

丁丁老师 "在一个班级中，可能会出现同名同姓的问题，这就让老师不好区分了。更重要的是学号还包含了其他信息，比如说大宝的学号是 190101，代表大宝是 19 级 1 班的 1 号，而壮壮的学号 190130 则代表他是 19 级 1 班的 30 号。"

大宝 "哦，我知道了，通过查看一个学生的学号，就可以知道这个学生的年级和班级，而且学号还不会重复。"

丁丁老师 "是的，通过学号得到学生的年级和班级后，再利用计算机进行全校各年级、各班级的排名、分类等操作就变得非常容易了。"

大宝 "学号是一整个数字，怎么能够得到学生的班级和年级呢？"

丁丁老师 "可以利用整除运算和取余运算。"

**案例 1：** 根据学号得到学生的年级、班级和班号。

```cpp
#include<iostream>
using namespace std;
int main()
{
    int SID=190101;
    int sgrade,sclass,snum;
    sgrade=SID/10000;
    sclass=SID/100%100;
    snum=SID%100;
    cout<<" 年级 : "<<sgrade<<" 班级 : "<<sclass<<" 班号 : "<<snum;
    return 0;
}
```

运行结果：

年级 : 19 班级 : 1 班号 : 1

大宝 "我知道了，我也编写一个程序来试试。"
程序编写中……

大宝 "丁丁老师，我利用您介绍的原理编写了一个截取身份证号码的程序，身份证号码一共 18 位，前 6 位是地址码，后 8 位是生日码，再后面是数字码，最后是校验码。程序一直提示有错误，这是怎么回事？"

| 320902 | 20080501 | 051 | 3 |
|---|---|---|---|
| 地址码 | 生日码 | 数字码 | 校验码 |

**案例 2：** 根据身份证号码得到学生的地址码、生日码、数字码和校验码。

```cpp
#include<iostream>
using namespace std;
int main()
```

```
{
    int ID=320902200805010513;
    int address,birthday,num,check;
    address=ID/1000000000000;
    birthday=ID/10000%100000000;
    num=ID%10000/10;
    check=ID%10;
    cout<<" 地址码："<<address<<" 生日码："<<birthday<<" 数字码：
    "<<num<<" 校验码："<<check;
    return 0;
}
```

小贴士 ★

你知道大宝的错误在哪里吗？

丁丁老师 "首先我要表扬一下大宝这么快就能够活学活用。你的这个问题，其实我们在第 4 节课就学过了，主要是因为 int 的表示范围不够大，不能表示身份证号码的 18 位整数。"

大宝 "哦，我知道了，把 int 改成 long long 就可以了！"

大宝 "丁丁老师,我又碰到了一个问题。大牙的身份证号码的最后一位校验码是 X，不是数字，没法存入整型，这该怎么办？"

丁丁老师 "对于这种情况，X 已经不是数字了，没有办法再用数字数据类型来表示，只能换成字符类型。在 C++ 中，提供了一种 string 类型，它可以非常方便地处理这种情况。"

**案例 3：** 对带有 X 校验码的身份证号码进行分类提取。

```
#include<iostream>
using namespace std;
```

```
int main()
{
    string ID="32090220080501051X";
    string address,birthday,num,check;
    address=ID.substr(0,6);
    birthday=ID.substr(6,8);
    num=ID.substr(14,3);
    check=ID.substr(17,1);
    cout<<" 地址码:"<<address<<" 生日码:"<<birthday<<" 数字码:
    "<<num<<" 校验码:"<<check;
    return 0;
}
```

 "string 类型不支持整除和取余,可以利用 substr 函数来提取子串,也就是取字符串的一部分,其中第一参数是子串的位置,例如从 0 开始,第二个参数是子串的长度。"

## 课后练一练

1. 对于一个三位数 314,能够得到十位数上的数字 1 的方法是(        )。

A. 314/10/10        B. 314%100%10   C. 314/10%10       D. 314%10/10

2. 已知我国邮政编码的前两位数字表示省(直辖市、自治区);第三位数字表示邮区;第四位数字表示县(市);最后两位数字表示投递局(所)。例如:邮政编码"224031"中的"22"代表江苏省,"40"代表盐城市亭湖区,"31"代表所在投递区。如果想根据邮政编码"224031"得出省码"22"、市区码"40"、投递区码"31",该如何实现?请你将下面的程序补充完整。

```
#include<iostream>
using namespace std;
int main()
{
    int Postcode=224031;
```

```
    int province,city,area;
    province=Postcode/10000;
    city=_____(1)_____;
    area=_____(2)_____;
    cout<<" 省码 : "<<province<<" 市码 : "<<city<<" 投递区码 : "<<area;
    return 0;
}
```

3. 输入一个三位数，计算这个三位数中各位数字之和。

输入 / 输出示例 :

输入 :

```
123
```

输出 :

```
6
```

# 第6课　密码

"大宝，我的程序文库这个月下载的东西太多了，次数用光了。你的程序文库的账号和密码能借我用一下吗？"大牙问。

"大牙，没有问题。我的账号就是'大宝'，密码是'123456'。"大宝回答。

大牙"啊！你的密码这么简单呀！早知道我就直接试了，还可以尝试一下黑客的感觉。"

大宝"黑客？那你说我的账号还会被黑客盯上？"

大牙"很有可能呀！你的密码过于简单，别说是黑客了，就是我也能很轻松地破解。在最差密码排行榜中，你的密码排在第一位。"

大宝"呀！那其他密码是什么？"

大牙"哈哈，最差密码榜单是这个，你用的密码，太容易被破解了。"

| 最差密码排行 | | |
|---|---|---|
| 排行 | 密码 | 每年被破解次数 |
| 1 | 123456 | 2300万次 |
| 2 | 123456789 | 780万次 |
| 3 | Picture1 | 320万次 |
| 4 | Password | 210万次 |
| 5 | 12345 | 198万次 |

大宝"大牙，我要换密码，那么什么样子的密码才不容易被破解呢？"

大牙"当然是字母、数字和符号的组合了。用到的符号类型越多，越不容易被破解。"

大宝"那我就把密码设置成'dabao_123'，怎么样？"

大牙"这个密码好一点，但还是很容易被破解。密码中要尽量少出现自己的个人信息，你可用'daya_2008'，这是我的名字和出生年份，既容易记，又安全。"

大宝"哈哈，好的。"

"其实还有很多技术现在都被应用到了密码上，用来保护密码的安全。比如：限制输入次数、图像符号校验等。最简单有效的方式就是在输入密码时显示'＊'。"

"对呀！那我就好奇了，我们现在学习 C++ 是如何实现这种技术的呢？"

"嗯，让我们一起去问问丁丁老师吧！"

"说到密码的实现，首先要讲一个新的数据类型，那就是字符型，也就是我们常说的英文字符。计算机最早是由美国人发明的，所以最早的字符编码也是由美国人制定的，叫作 ASCII 码。在 ASCII 码中，一共定义了 128 个字符，每个字符分配到了一个编码，也就是一个数字，就像下面这样。"

| 编号 | 字符 | 编号 | 字符 | 编号 | 字符 | 编号 | 字符 | 编号 | 字符 | 编号 | 字符 | 编号 | 字符 | 编号 | 字符 |
|---|---|---|---|---|---|---|---|---|---|---|---|---|---|---|---|
| 0 | NUL | 16 | DLE | 32 | space | 48 | 0 | 64 | @ | 80 | P | 96 | ` | 112 | p |
| 1 | SOH | 17 | DC1 | 33 | ! | 49 | 1 | 65 | A | 81 | Q | 97 | a | 113 | q |
| 2 | STX | 18 | DC2 | 34 | " | 50 | 2 | 66 | B | 82 | R | 98 | b | 114 | r |
| 3 | ETX | 19 | DC3 | 35 | # | 51 | 3 | 67 | C | 83 | S | 99 | c | 115 | s |
| 4 | EOT | 20 | DC4 | 36 | $ | 52 | 4 | 68 | D | 84 | T | 100 | d | 116 | t |
| 5 | ENQ | 21 | NAK | 37 | % | 53 | 5 | 69 | E | 85 | U | 101 | e | 117 | u |
| 6 | ACK | 22 | SYN | 38 | & | 54 | 6 | 70 | F | 86 | V | 102 | f | 118 | v |
| 7 | BEL | 23 | ETB | 39 | ' | 55 | 7 | 71 | G | 87 | W | 103 | g | 119 | w |
| 8 | BS | 24 | CAN | 40 | ( | 56 | 8 | 72 | H | 88 | X | 104 | h | 120 | x |
| 9 | HT | 25 | EM | 41 | ) | 57 | 9 | 73 | I | 89 | Y | 105 | i | 121 | y |
| 10 | LF | 26 | SUB | 42 | * | 58 | : | 74 | J | 90 | Z | 106 | j | 122 | z |
| 11 | VT | 27 | ESC | 43 | + | 59 | ; | 75 | K | 91 | [ | 107 | k | 123 | { |
| 12 | FF | 28 | FS | 44 | , | 60 | < | 76 | L | 92 | \ | 108 | l | 124 | | |
| 13 | CR | 29 | GS | 45 | − | 61 | = | 77 | M | 93 | ] | 109 | m | 125 | } |
| 14 | SO | 30 | RS | 46 | . | 62 | > | 78 | N | 94 | ^ | 110 | n | 126 | * |
| 15 | SI | 31 | US | 47 | / | 63 | ? | 79 | O | 95 | _ | 111 | o | 127 | DEL |

"英文字符只有 128 个吗？"

"其实仔细观察就会发现，英文字符还不到 128 个，ASCII 码表中的第 0 ~ 32 号及第 127 号 ( 共 34 个 ) 是控制字符或通信专用字符；第 33 ~ 126 号才是可以显示出来的字符，一共 94 个。"

"那这些字符是怎么用到计算机编程上的呢？"

丁丁老师 "只要利用关键字 char 来定义一个字符类型的变量，就能够使用了。下面我们来看一个例子。"

**案例 1：** 字符案例。

```cpp
#include<iostream>
using namespace std;
int main()
{
    char c1,c2;
    c1='D';
    c2=65;
    cout<<c1<<c2<<char(c1+21)<<c2;
    return 0;
}
```

大牙 "这里把字符 'D' 赋给 c1 没有问题，65 赋给 c2 是什么意思？"

丁丁老师 "在字符型中，字符和数字是通用的，这里的 65 就是指 ASCII 码值为 65 的那个字符，也就是字符 'A'。同样，char(c1+21) 指的就是从字符 'D' 向后数 21 个字符后得到的那个字符，也就是 'Y' 字符。"

大宝 "哦，那我知道了。"

**案例 2：** 密码程序。

```cpp
#include<iostream>
#include<conio.h>
using namespace std;
int main()
{
    char c1,c2,c3;
    c1=getch();
    cout<<"*";
    c2=getch();
    cout<<"*";
```

```
    c3=getch();
    cout<<"*";
    cout<<" 你输入的密码是："<<c1<<c2<<c3;
    return 0;
}
```

🐭 大牙 "丁丁老师，这个程序真的可以实现密码功能呢！"

👩‍🏫 丁丁老师 "是的，不过我们现在还只是模拟 3 位数密码。"

🐭 大牙 "加头文件 conio.h 起到了什么作用？"

👩‍🏫 丁丁老师 "这个程序需要用到 getch( ) 函数，而这个函数包含在 conio.h 头文件中。getch( ) 的功能是当用户按下某个字符时，函数自动读取字符，无须按 Enter 键。"

## ✏️ 课后练一练

1. ASCII 码表中的字符很多，为了能够快速掌握每个字符对应的 ASCII 码值，我们需要记住一些关键的 ASCII 码值，请你填写下面的表格。

| 字 符 | 备 注 | ASCII 码值 |
|---|---|---|
| space | 空格键 | |
| 0 | 可以推算 0~9 的 ASCII 码值 | |
| A | 可以推算 A~Z 的 ASCII 码值 | |
| a | 可以推算 a~z 的 ASCII 码值 | |

2. 下面的程序功能未知，请你通过阅读、上机等方式写出程序的运行结果。

```
#include<iostream>
using namespace std;
int main()
{
    char c1,c2,c3;
    c1='D';
    c2='A';
    c3='Y';
```

程序变量跟踪表

| c1 | c2 | c3 |
|---|---|---|
| | | |

```
    c1=c1+32;
    c2=c2-'A'+'a';
    c3=c3+('z'-'Z');
    cout<<c1<<c2<<c3<<c2;
    return 0;
}
```

运行结果：

————————————

3. 在密码学中，凯撒密码是一种简单且广为人知的加密技术，它是一种替换加密技术，明文中的所有字母都在字母表上向后（或向前）按照一个固定数目进行偏移并被替换成密文。例如，当偏移量是 3 时，所有的字母 A 将被替换成 D，B 被替换成 E，以此类推。编写程序，输入要加密的字母和偏移量，输出加密后的字母。例如：输入 A 3，输出 D；输入 e 2，输出 g。

输入 / 输出示例：

输入：

```
e 5
```

输出：

```
j
```

# 第 2 单元
# 分 支 结 构

"大牙，明天周末，你准备干什么？"

"我想去公园玩。"

"听天气预报讲，明天要下小雨。"

"呀！不过天气预报不一定准确。如果明天不下雨，我就去公园玩；如果下雨，我就在家看书了。"

"这是一个典型的分支结构呀！"

程序设计中的分支结构思想就是根据一个条件决定走哪个分支。虽然只能走分支结构中的一个分支，但是要准备好多个分支。

# 编程小达人

为了鼓励大家好好学习，今后会对每次成绩在95分以上的同学授予"编程小达人"的称号。

"编程成绩出来了！"大宝一边喊一边跑到教室。

只见 丁丁老师 从外面走进教室，手里拿着一张成绩单。她走上讲台，对同学们说："同学们，这是第一阶段的编程成绩，大家考得不错。为了鼓励大家好好学习，今后会对每次成绩在 95 分以上的同学授予'编程小达人'的称号。"

班级一下就炸开了锅，同学们纷纷议论，猜测谁会得到"编程小达人"的称号。

丁丁老师 示意大家安静下来，对大家说："大家都想知道谁能够获得'编程小达人'的称号吧？我今天不告诉大家。"

大家更纳闷了，那怎么知道谁是"编程小达人"呢？

丁丁老师 看到大家这么疑惑，又接着说："今天我会让计算机告诉大家谁能获得'编程小达人'的称号。"

**案例 1：** 编程小达人的判断。

```
#include<iostream>
```

```
using namespace std;
int main()
{
    int score;
    cin>>score;
    if(score>95)
        cout<<" 编程小达人 "<<endl;
    return 0;
}
```

丁丁老师　"这里用到了一个新的语句——if 语句。我们可以将 if 语句理解成如果考试成绩大于 95，你就是编程小达人。利用这个程序，就可以根据成绩判断谁是编程小达人了！"

大牙　"丁丁老师，我这次考了 92，肯定不是编程小达人了。但利用你写的这个程序，输入 92，怎么什么结果也没有，至少告诉我要加油之类的话吧！"

丁丁老师　"上面的程序只对大于 95 的情况进行了处理，对于小于或等于 95 的情况没有处理。大牙，我对这个程序进行一下修改，增加了一个 else 语句。我们可以将 else 语句认为是对于考试成绩大于 95 的否定，这样可以将 else 语句和 if 语句连起来理解：如果考试成绩大于 95，你就是编程小达人，否则继续加油，争取下次拿到编程小达人！于是，我们就可以处理成绩小于或等于 95 的情况了。"

**案例 2：**　编程小达人的判断改进。

```
#include<iostream>
using namespace std;
int main()
{
    int score;
    cin>>score;
    if(score>95)
        cout<<" 编程小达人 "<<endl;
    else
        cout<<" 继续加油！争取下次拿到编程小达人！";
    return 0;
}
```

大牙　"哈哈，不错！真的要我继续加油了呢。"

丁丁老师 "大家对 if 语句的理解还可以利用图形化的方式描述，叫作算法流程图。"

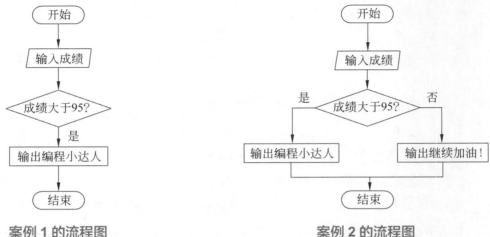

案例 1 的流程图　　　　　　　　案例 2 的流程图

起止框　　处理框　　输入/输出框　　判断框　　连接线

大宝 "我刚好考了 95，可是程序还要我继续加油！"

丁丁老师 "大宝这次考得真不错，程序只判断了成绩大于 95 的情况属于编程小达人，至于等于和小于 95 的情况则都被归类到 else 中了。"

大宝 "哦，真可惜，我距离编程小达人只有一步之遥。"

丁丁老师 "大宝这句话太有意思了，我们也可以把这句话写到程序中。"

**案例 3：** 编程小达人的一步之遥。

```cpp
#include<iostream>
using namespace std;
int main()
{
    int score;
    cin>>score;
```

```
    if(score>95)
        cout<<"编程小达人。"<<endl;
    if(score==95)
        cout<<"你距离编程小达人只有一步之遥！";
    if(score<95)
        cout<<"继续加油！争取下次拿到编程小达人！";
    return 0;
}
```

大宝 "这里用了 3 个 if 语句，就可以判断 3 种情况了。"

丁丁老师 "是的，其实 3 种情况的判断还有其他写法，我们后面会学习。这里首先熟悉一下判断语句有哪些判断符号。"

小贴士

| | if 语句中常用的判断符号 | | | | |
|---|---|---|---|---|---|
| 大于 | 大于或等于 | 小于 | 小于或等于 | 等于 | 不等于 |
| > | >= | < | <= | == | != |

## 课后练一练

1. score>95 这样的表达式又称为布尔表达式，其结果只有两种：真（正确）和假（错误）。在 C++ 中，正确的结果会输出 1，错误的结果会输出 0。这样的话，下面的语句的输出结果为（       ）。

```
cout<<(3>=2)<<(4==2);
```

　　A. 00　　　　　　　　B. 01　　　　　　　　C. 10　　　　　　　　D. 11

2. 大牙编写了一个程序，用于判断同学们的编程成绩处于什么水平？程序如下，大牙考了 92 分，那么输出结果为（       ）。

```
#include<iostream>
using namespace std;
```

```
int main()
{
    int score;
    cin>>score;
    if(score>=90)
        cout<<" 优秀 ";
    if(score>=80)
        cout<<" 良好 ";
    if(score>=60)
        cout<<" 及格 ";
    return 0;
}
```

A. 优秀          B. 良好          C. 及格          D. 优秀良好及格

3. 丁丁老师要让大家排成两队，学号是奇数的同学排在第一队，学号是偶数的同学排在第二队。请你输入自己的学号，看看自己应该排在哪一队。

输入 / 输出示例：

输入：

13

输出：

请站第 1 队

```
#include<iostream>
using namespace std;
int main()
{
    int id;
    cin>>id;
    if(_____(1)_____)
        cout<<" 请站第 1 队 "<<endl;
        _____(2)_____
        cout<<" 请站第 2 队 ";
    return 0;
}
```

# 第8课　有理数的分类

大宝　"丁丁老师，我们今天刚刚学习了有理数，我想编写一个程序，让计算机自动判断，一个有理数属于哪个分类，具体分类就像下面这样。有理数要分成正有理数、0 和负有理数 3 类，利用 3 个 if 语句就可以实现了吧？"

$$有理数\begin{cases} 正有理数 \\ 0 \\ 负有理数 \end{cases}$$

丁丁老师　"你说得不错，可以利用 3 个 if 语句判断，还有一种更好的方案，那就是利用两个 if-else 语句进行嵌套。具体的方法就像下面这张图。"

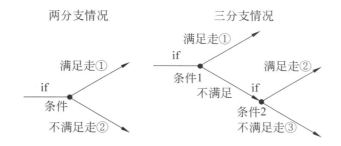

"哦，我明白了，就是将两个 if-else 语句叠加在一起，就可以实现三分支。为什么这种方案比 3 个 if 语句的方案要好呢？"

"你看，一个 if 语句和一个 if-else 语句都进行了一次判断，这样写就可以减少一次判断，让程序效率更高。"

**案例 1：** 有理数分为正有理数、0 和负有理数。

```cpp
#include<iostream>
using namespace std;
int main()
{
    float n;
    cin>>n;
    if(n>0)
        cout<<n<<" 是正有理数！"<<endl;
    else
        if(n==0)
            cout<<" 是零！";
        else
            cout<<n<<" 是负有理数！"<<endl;

    return 0;
}
```

"丁丁老师，有理数还有另一种分类方法，就是分为整数和分数。我想来想去，整数和分数也没有办法区分啊，这个判断语句该怎么写呢？"

$$有理数 \begin{cases} 整数 \\ 分数 \end{cases}$$

"整数和分数的主要区别在于，整数可以看成小数点后面的部分是 0，而分数小数点的后面不为 0。利用这个区别，可以将一个浮点数的小数部分截掉，看看和原来的数是否相等，如果是整数，则截取的是 0，和原数相等；如果是分数，则截取的不是 0，和原数就不相等了。"

**案例2：** 有理数分为整数和分数。

```cpp
#include<iostream>
using namespace std;
int main()
{
    float n;
    cin>>n;
    if(n==(int)n)
        cout<<n<<" 是整数！"<<endl;
    else
        cout<<n<<" 是分数！"<<endl;
    return 0;
}
```

大宝 "这里的 n==(int)n 是什么意思呢？"

丁丁老师 "首先，这里的 (int) 的意思是强制转换，它在这里的作用是将小数形式的 n 强制转换成整数形式，这样 n 就只剩整数部分了，也就达到了截取小数部分的目的，然后通过比较原来的 n 和截取小数部分的 n 的大小就能判断 n 是否为分数了。"

大宝 "哦，我明白了！还有一个问题，就是分类非常复杂的情况该怎么处理？"

丁丁老师 "不管分类多么复杂，都可以通过嵌套分出多个分支。当分支数目比较多时，可以先画出示意图，再写程序，这样就不容易发生错误了。另外，在写程序时，一定要利用好复合语句'{}'以及程序的缩进对齐，这样不容易产生分支走向错误。"

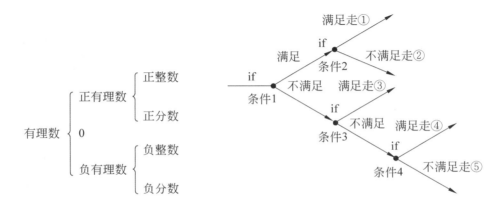

**案例3:** 　　　嵌套分类。

```cpp
#include<iostream>
using namespace std;
int main()
{
    float n;
    cin>>n;
    if(n>0)
    {
        if(n==(int)n)
            cout<<n<<" 是正整数。"<<endl;
        else
            cout<<n<<" 是正分数。"<<endl;
    }
    else
        if(n==0)
            cout<<" 是零！";
        else
        {
            if(n==(int)n)
                cout<<n<<" 是负整数。"<<endl;
            else
                cout<<n<<" 是负分数。"<<endl;
        }
    return 0;
}
```

## 课后练一练

1. 大牙在利用 if 语句编程时，把等于符号（==）写成了赋值符号（=），则程序会出现的情况是（　　　）。

```cpp
if(n=0)   cout<<" 是零！";
```

A. 编译错误

B. 编译无错误，但无论输入什么数据，运行结果一直显示"是零！"

C. 编译无错误，但无论输入什么数据，运行结果却不会显示"是零！"

D. 编译无错误，程序运行正常

2. 在标准大气压下，水的温度（设为 x）和水的状态（设为 y）存在密切关系，其关系如下：

$$y=\begin{cases} 冰 & x \leqslant 0 \\ 水 & 0 < x < 100 \\ 水蒸气 & x \geqslant 100 \end{cases}$$

下面的代码是不完整的代码，请你补充完整。

```
#include<iostream>
using namespace std;
int main()
{
    float x;
    cout<<"请输入当前水的温度："
    cin>>x;
    if(x<=0)
        cout<<"冰";
    else if(____(1)____)
        cout<<"水";
    ____(2)____
        cout<<"水蒸气";
}
```

3. 对于有理数，还有一种分类方法，请根据图中所示的这种分类方法补齐 if 分支的示意图，并编写程序。

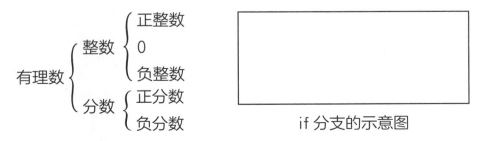

if 分支的示意图

# 第9课　三角形的形状

最近，数学课讲授了三角形的形状，三角形的形状按角的不同可以分成锐角、直角和钝角三类。

大宝在学习后想编写一个程序，让计算机自动判断三角形的形状，他根据勾股定理判断出了锐角、直角和钝角三角形。

小贴士

勾 股 定 理

在△ABC中，c边是三角形的最长边，c边对应的角为∠C。

若 $c^2=a^2+b^2$ 则 $\angle C=90°$，即为直角三角形。

若 $c^2>a^2+b^2$ 则 $\angle C>90°$，即为钝角三角形。

若 $c^2<a^2+b^2$ 则 $\angle C<90°$，即为锐角三角形。

案例1:　判断三角形的形状。

```
#include<iostream>
using namespace std;
```

```
int main()
{
    float a,b,c;
    cout<<" 请从小到大依次输入三角形的三条边长 : ";
    cin>>a>>b>>c;
    if(a*a+b*b==c*c)
        cout<<" 直角三角形 ";
    else
        if(a*a+b*b>c*c)
            cout<<" 锐角三角形 ";
        else
            cout<<" 钝角三角形 ";
    return 0;
}
```

大宝编写完成之后非常高兴，继续编写按边判断三角形形状的程序，三角形按边的不同可以分为一般三角形、等腰三角形和等边三角形。但大宝编写程序的过程中碰到了难题。

一般三角形　　　等腰三角形　　　等边三角形

在判断等腰三角形时，等腰三角形的三条边只要有任意两条边相等就是等腰三角形。在判断等边三角形时，三角形的三条边必须全部相等才是等边三角形。

大牙带着这个问题来找丁丁老师寻求帮助。

大牙 "丁丁老师，我写了一个判断三角形形状的程序，您帮我看看，如何才能实现等腰三角形的判断？"

丁丁老师 "等腰三角形要判断三角形的三条边 a、b、c 中有任意两条边相等，即 a==b、a==c 和 b==c 这三个条件只要满足其中任意一个即可。这要用到一个新的运算符——逻辑运算符'逻辑或（||）'。逻辑或用来连接逻辑表达式，在连接的逻辑表达式中，只要有一个成立，整个逻辑表达式就成立。利用逻辑或，可以将等腰三角形的判断表示为

$$a==b \ || \ a==c \ || \ b==c$$

在这个表达式中，只要其中任意一个表达式成立，整个表达式就成立。利用这个表达式实现的程序是这样的。"

案例2: 三角形的形状判断2。

```cpp
#include<iostream>
using namespace std;
int main()
{
    float a,b,c;
    cout<<" 请输入三角形的三条边长 ：";
    cin>>a>>b>>c;
    if(a==b || a==c || b==c)
        cout<<" 等腰三角形 ";
    return 0;
}
```

大宝 "哦，原来是这样，真是太好了。我写了一个判断等边三角形的程序，但是总有问题，明明我输入的 a、b、c 是等边三角形，但就是不输出。我写的语句是

```cpp
if(a==b==c)
    cout<<" 等边三角形 ";
```

丁丁老师帮我看看，我究竟错在了哪里？"

丁丁老师 "问题还是出在了这个表达式上，这个表达式根本不能判断三边相等，它没有语法错误，但是计算过程和你想要的是截然不同的，它有两个 ==，计算是按照从左到右的顺序进行的：

首先计算 a==b，这是一个逻辑表达式，你输入的 a、b 两条边是相等的，则该表达式为 True，也就是 1。

再计算 1==c，此时只有在输入的 c 值为 1 的情况下该表达式才为 True，否则都为 False。

所以，这样是无法判断等边三角形的。"

大牙 "哦，那该怎么判断等边三角形呢？"

丁丁老师 "这个要用到另一个逻辑运算符——逻辑与（&&）。逻辑与连接的逻辑表达式要求所有表达式都成立，整个逻辑表达式才成立。利用逻辑与，可以将等边三角形的判断表示为

$$a==b \ \&\& \ a==c$$

在该表达式中，只有两个表达式都成立，整个表达式才成立。"

 大牙 "这个表达式怎么没有 b==c 呢？"

丁丁老师 "你仔细想一下，如果 a==b 和 a==c 同时成立，那么根据等式的传递规则，b==c 自然就成立了。"

大牙 "哦！我明白了。"

**案例 3：** 三角形的形状判断 3。

```cpp
#include<iostream>
using namespace std;
int main()
{
    float a,b,c;
    cout<<" 请输入三角形的三条边长：";
    cin>>a>>b>>c;
    if(a==b && a==c)
        cout<<" 等边三角形 ";
    return 0;
}
```

 小贴士

逻辑运算符

| A | B | A\|\|B | A&&B | !A | !B |
|---|---|---|---|---|---|
| True | True | True | True | False | False |
| False | True | True | False | True | False |
| True | False | True | False | False | True |
| False | False | False | False | True | True |

**课后练一练**

1. 三条边 a、b、c 满足下列 if 语句的三角形属于（    ）三角形。

```cpp
if((a*a+b*b==c*c)&&a==b)
```

A. 等腰直角      B. 等腰或者直角      C. 非等腰直角      D. 等腰非直角

2. 下面是大牙编写的判断三角形形状的程序，程序主要判断三类三角形：

①普通三角形      ②直角三角形      ③不是三角形

请你帮助大牙把三种类型填入下面的程序中，填入顺序为（     ）。

```cpp
#include<iostream>
using namespace std;
int main()
{
    int a,b,c;
    cin>>a>>b>>c;
    if(a<b+c && b<a+c && c<a+b)
    {
        if(a*a==b*b+c*c || b*b==a*a+c*c || c*c==a*a+b*b)
            cout<<"____(1)____"<<endl;
        else
            cout<<"____(2)____"<<endl;
    }
    else
        cout<<"____(3)____";
}
```

A. ①②③      B. ②①③      C. ③①②      D. ①③②

3. 对于三角形的分类，如果把按角分类和按边分类结合在一起，就有了更多的分类方法。请编写程序，判断三角形属于以下哪类：等腰直角三角形、普通直角三角形、非直角三角形。

输入 / 输出示例：

输入：

```
3 4 5
```

输出：

```
普通直角三角形
```

## 第 10 课　　闰年的计算

大牙今天过生日，请大家吃糖果，每个人都拿到了糖果，兴高采烈的，只有木木不太高兴。大牙看到后，走过去对木木说："木木，怎么回事？我今天过生日，你怎么不高兴？"

"大牙，你们每年都可以过生日，真是幸福！"

惊讶地问："啥？难道你不是每年过生日？"

"是的，我从 2008 年出生到现在 2023 年，一共才过了 4 次生日。"

"啥啥啥！有这么奇怪的事情？那你的生日是哪天？"

"我是 2008 年 2 月 29 日出生的，2008 年刚好是闰年，而要过生日的话，要等 4 年才到下一个闰年，也就是 2012 年 2 月 29 日。"

"那闰年是怎么回事？"

"具体的我也说不清楚，我就知道每过 4 年才有一个闰年，我才过一次生日。"
大牙立即向全班同学宣布了这个爆炸新闻，大家都非常好奇。

这时，大宝走到大牙和木木面前对他们说："我知道闰年是怎么回事。"

"那你快讲讲！"

"地球绕太阳一圈就是一年，正常情况下，一年有 365 天，称为平年，但地球绕太阳运行的实际周期为 365 天 5 小时 48 分 46 秒，也称为一回归年，也就是一回归年比一年的实际长度要长约 0.2422 日，经过 4 年的累计，要长 0.9688 天，也就是多出大约 1 天，所以就在第 4 年的 2 月月末加了 1 天，使当年的历年长度为 366 天，这一年就是闰年。"

"哦，是这样呀！但听你说的话，这个 4 年不到 1 天，还差那么一点点。"

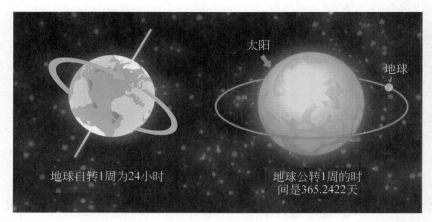

地球自转1周为24小时

太阳

地球

地球公转1周的时间是365.2422天

"大牙，是的，按照每 4 年一个闰年计算，平均每年就要多算出 0.0078 天，这样经过 400 年就会多算出大约 3 天。因此每 400 年中要减少 3 个闰年。所以规定：当年份是整百数时，必须是 400 的倍数才是闰年；不是 400 的倍数的年份，即使是 4 的倍数也不是闰年。"

"听你这么一说，闰年的计算真是挺复杂的！"

"大牙，其实也不复杂，关于闰年有一句话：'四年一闰，百年不闰，四百年再闰。'例如，2000 年是闰年，2100 年则是平年。"

"哦，我记住了，太好了！根据这个规则，我要写一个程序来计算闰年。"

**案例 1：** 闰年计算 1。

```cpp
#include<iostream>
using namespace std;
int main()
{
    int year;
    cout<<" 输入年份：";
    cin>>year;
    if(year%4==0)
    {
        if(year%100==0)
        {
            if(year%400==0)
```

```
                            cout<<year<<" 是闰年 ";
                    else
                            cout<<year<<" 不是闰年 ";
                }
            else
                    cout<<year<<" 是闰年 ";
        }
    else
            cout<<year<<" 不是闰年 ";
    return 0;
}
```

大家看着大牙的程序赞不绝口，大牙也为自己的所学非常得意！滔滔不绝地给大家讲着程序。

这时丁丁老师走了过来，看到大家这么热闹，在问清楚是怎么回事后，她非常高兴，对大家说："学以致用是最好的学习方法，今天我要表扬一下大牙同学，能够活学活用所学知识。"

这时，大牙反而不好意思起来。

丁丁老师 "大牙写的这个程序，如果利用逻辑表达式，则还有可以改进的地方，请大家看看下面的程序。"

**案例 2：** 闰年计算 2。

```
#include<iostream>
using namespace std;
int main(){
    int year;
    cin>>year;
    if((year%4==0 && year%100!=0)||year%400==0)
        cout<<year<<" 是闰年 "<<endl;
    else
        cout<<year<<" 不是闰年 "<<endl;
    return 0;
}
```

"这个程序简洁多了，但是看不懂呀！老师能解释一下吗？"

丁丁老师 "这个 if 语句其实也不复杂，根据'四年一闰，百年不闰，四百年再闰'这句话，闰年的判断主要有两个条件：

（1）四年一闰，但是这种情况要排除百年不闰的情况，也就是这两个条件必须满足：

```
year%4==0 && year%100!=0
```

（2）四百年再闰，也就是：

```
year%400==0
```

上面两个条件只要满足一个，就是闰年，所以对这两个条件进行'或'运算即可。"

大牙 "编程真是太有意思了！程序能够写得这么简洁！我今后还要多多学习！"

 课后练一练

1. 逻辑运算不仅是计算机中的常用运算，还广泛应用在电路上，下面的图就代表逻辑运算，开关表示逻辑变量，灯亮和灯灭代表逻辑结果。下面 3 张图分别代表的运算是（      ）。

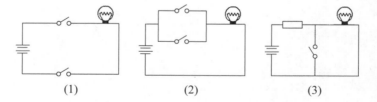

(1)                    (2)                    (3)

A. 与或非          B. 或与非          C. 非与或          D. 或非与

2. 大牙编写了一个程序，功能未知，输入 n=12，输出结果为（      ）。

```
#include<iostream>
using namespace std;
int main()
{
```

```
    int n;
    cin>>n;
    if(n%3==0 && n%5==0)
        cout<<"A";
    else
        cout<<"B";
    if(n%3==0 || n%5==0)
        cout<<"C";
    else
        cout<<"D";
    return 0;
}
```

A. AC              B. AD              C. BC              D. BD

3. 木木是 2008 年 2 月 29 日出生的，只有在闰年的 2 月 29 日他才能过生日，请你编写一个程序，输入年月日，判断一下这天是否是木木的生日。

输入 / 输出示例：

输入：

```
2018 2 29
```

输出：

不是木木的生日

"大牙，你过来一下！" 丁丁老师 叫道。

"什么事情？" 大牙 回答。

"这是我们班的课外活动成绩，请你帮忙整理一下。" 丁丁老师 说。

大牙 "好的。"

整理了一会儿后。

大牙 "丁丁老师，各个老师发过来的成绩不太一致，教篮球的张老师打的成绩是等级制，教机器人的王老师打的是分数，教画画的马老师打的 ABCD，这个怎么办呢？"

丁丁老师 "成绩的打法不一样是没法登记的。但不同的成绩打法其实是可以相互转换的，就像下面这样。"

| 分　数 | 等级 1 | 等级 2 | 分　数 | 等级 1 | 等级 2 |
|--------|--------|--------|--------|--------|--------|
| 90~100 | 优秀 | A | 60~69 | 及格 | D |
| 80~89 | 良好 | B | 0~59 | 不及格 | E |
| 70~79 | 中等 | C | | | |

"哦，有这个转换规则就好办了。我来编写一个程序，实现分数和等级的转换，以后就省事了！"

**案例1：** 成绩的等级转换。

```cpp
#include<iostream>
using namespace std;
int main()
{
    int score;
    cout<<" 请输入成绩 : ";
    cin>>score;
    if(score>=90 && score<=100)
        cout<<"A"<<endl;
    else if(score>=80 && score<=89)
        cout<<"B"<<endl;
    else if(score>=70 && score<=79)
        cout<<"C"<<endl;
    else if(score>=60 && score<=69)
        cout<<"D"<<endl;
    else if(score>=0 && score<=59)
        cout<<"E"<<endl;
    else
        cout<<" 输入有误！"<<endl;
    return 0;
}
```

"丁丁老师，你看我写的成绩转换程序怎么样？"

"大牙，真不错，你不仅学会了 if 语句的嵌套，还利用了逻辑与，实现的程序非常棒！"

大牙非常得意。

"我看你学得不错，这个程序还可以改进一下。"
大牙马上收起得意的微笑，谨慎地说："怎么改进呀？"

丁丁老师 "你这个程序，没有利用到 else 的功能，把 else 的功能利用好可以简化 if 语句里面的条件。"

**案例2：** 成绩的等级转换。

```cpp
#include<iostream>
using namespace std;
int main()
{
    int score;
    cout<<" 请输入成绩：";
    cin>>score;
    if(score>100)
        cout<<" 输入有误！"<<endl;
    else if(score>=90)
        cout<<"A"<<endl;
    else if(score>=80)
        cout<<"B"<<endl;
    else if(score>=70)
        cout<<"C"<<endl;
    else if(score>=60)
        cout<<"D"<<endl;
    else if(score>=0)
        cout<<"E"<<endl;
    else
        cout<<" 输入有误！"<<endl;
    return 0;
}
```

丁丁老师 "比如等级 A 的判断，else 就代表了 score>100 的反向条件，也就是 score<=100，那么在 if 语句中就不需要再加这个条件了，只需要添加 score>=90 就代表了 score>=90 && score<=100 的条件。"

大牙 "哦，原来是这样，简化了不少呢。"

"这个程序还可以简化。"

"什么？还可以简化？"大牙有点儿不相信自己的耳朵。

"你看这个程序嵌套得非常多，使用 if 语句看上去非常烦琐。当嵌套非常多时，可以使用多分支语句 switch 把程序变得简洁一些。"

小贴士

### switch 语句的使用方法

| switch（变量表达式）<br>{<br>    case 常量1：语句 ;break;<br>    case 常量2：语句 ;break;<br>    ...<br>    case 常量n：语句 ;break;<br>    default：语句 ;break;<br>} | 当变量表达式表达的量与其中一个 case 语句中的常量相符时，就执行此 case 语句后面的语句，并依次执行后面所有 case 语句中的语句，直到遇到 break 语句跳出 switch 语句为止。如果变量表达式的量与所有 case 语句的常量都不相符，就执行 default 语句中的语句 |

**案例 3：** 成绩的等级转换。

```cpp
#include<iostream>
using namespace std;
int main()
{
    int score;
    cout<<" 请输入成绩 :";
    cin>>score;
    if(score>100||score<0)
    {
        cout<<" 数据有误 !";
        return 0;
    }
```

```
switch(score/10)
{
    case 10:
    case 9:cout<<"A"<<endl;break;
    case 8:cout<<"B"<<endl;break;
    case 7:cout<<"C"<<endl;break;
    case 6:cout<<"D"<<endl;break;
    default:cout<<"E"<<endl;
}
return 0;
}
```

大牙 "哇！这样写简洁不少，看上去也清晰多了！看来我真的要好好学习了，什么时候都不能骄傲！我还有一个问题，case 10 后面怎么没有语句呢？"

丁丁老师 "这是专门处理 100 分的情况，由于 100/10=10，而 100 分又属于 A，因此 10 后面没有代码，在没有碰到 break 的情况下，它会继续向下执行，也就是执行 case 9 的代码。"

### 课后练一练

1. switch 语句后面的变量表达式虽然可以是多种数据类型的变量，但有些数据类型的变量是不行的，以下数据类型中不能使用的是（       ）。

　　A. 整型　　　　　　B. 浮点型　　　　　　C. 字符型　　　　　　D. 布尔型

2. 大牙经常记不得星期几的英文怎么拼写，于是他编写了一个程序，如果输入 7，则输出结果为（       ）。

```
#include<iostream>
using namespace std;
int main()
{
    int num;
    cout<<" 请输入一个数字："<<endl;
```

```
    cin>>num;
    cout<<" 该数字对应的星期是：";
    switch(num)
    {
        case 0:cout<<"Sunday"<<endl;break;
        case 1:cout<<"Monday"<<endl;break;
        case 2:cout<<"Tuesday"<<endl;break;
        case 3:cout<<"Wednesday"<<endl;break;
        case 4:cout<<"Thursday"<<endl;break;
        case 5:cout<<"Friday"<<endl;break;
        case 6:cout<<"Saturday"<<endl;break;
        default:cout<<"Error"<<endl;break;
    }
    return 0;
}
```

A. Sunday          B. Monday          C. Saturday          D. Error

3. 班级的编程成绩出来了，丁丁老师要根据成绩给每个同学写一条评语，评语的规则是：

如果成绩是 A，则评语为"太棒了！"。

如果成绩是 B，则评语为"真不错。"。

如果成绩是 C 或者 D，则评语为"还不错。"。

如果成绩是 E，则评语为"要加油了！"。

请你编写一个程序，帮助丁丁老师完成评语自动编写功能。

输入 / 输出示例：

输入：

B

输出：

真不错。

# 班级的最好成绩

"大宝大宝，你这次考了多少分？" 大牙 悄悄地问。

"我这次考了 93 分，考得不太好。" 大宝 说。

"93 分，哈哈，我这次考了 95 分，比你高一点。" 大牙 说。

大牙 又转过头去，问前面的 木木，"木木，你这次考了多少分？"

"我考了 88 分。" 木木 回答。

大牙 有点沾沾自喜，心里想："我这次说不定就是全班第一呢！"

大宝 看到 大牙 得意的表情，对 大牙 说："大牙，你这次考得不错，你能编写一个程序，输入 3 个同学的成绩，然后输出最高分吗？"

大牙 笑着说："大宝，这还不简单，手到擒来。"

**案例 1:** 输出 3 个数中的最大值。

大牙的写法
```
#include<iostream>
```

```
using namespace std;
int main()
{
    int a,b,c;
    cin>>a>>b>>c;
    if(a>=b && a>=c)
        cout<<a;
    if(b>=a && b>=c)
        cout<<b;
    if(c>=a && c>=b)
        cout<<c;
    return 0;
}
```

"大牙，你这个程序没有问题，但是效率不高。"

"效率怎么不高了？"

"你看，假如 a 是最大值，第一个 if 语句判断了两次就判断出来了，并且把
a 也输出了。但是第 2 个和第 3 个 if 都还要再判断一次，是不是没有必要？"

"哦！那怎么办呢？"

"你看我给你写一个。"

**案例2：** 输出 3 个数中的最大值。

大宝的写法
```
#include<iostream>
using namespace std;
int main()
{
    int a,b,c;
    cin>>a>>b>>c;
    if(a>=b)
    {
        if(a>=c)
```

```
                    cout<<a;
            else
                    cout<<c;
        }
        else
        {
            if(b>=c)
                    cout<<b;
            else
                    cout<<c;
        }
        return 0;
}
```

"大牙，你看这个程序，不论要输出哪个数，只需要比较 2 次就可以了，比你的要比较 6 次的程序效率高多了。"

"大宝，你好厉害啊！"大牙说。

"哈哈，一般一般。"这时候大宝心里乐开了花。

"大宝，乐什么呢？"丁丁老师问。

"丁丁老师，我写了一个程序，可以判断 3 个数中的最大值。"

丁丁老师"写得不错，不过这个程序还有可以改进的地方。"

大宝和大牙同时惊呼道："还可以改进？"

丁丁老师"对的，求若干数的最大值有一个经典写法，我现在写给你们看看。"

**案例 3：** 输出 3 个数中的最大值。

经典写法
```
#include<iostream>
using namespace std;
int main()
{
    int a,b,c,max;
```

```
cin>>a>>b>>c;
max=a;
if(b>max) max=b;
if(c>max) max=c;
cout<<max;
return 0;
}
```

丁丁老师 "定义一个变量 max，用来存储最大值，其他数都和这个所谓的最大值进行比较，比这个最大值小就不处理，比这个最大值大就替换掉最大值中的值，这样就可以保证变量中的值始终是最大值。"

大宝 "嗯，这个程序不仅容易理解，书写起来还简单，不愧是经典写法。"

丁丁老师 "这个算法还有一个特点，那就是随着数据的增多，代码量不会增加太多，比如要求出全班 30 个同学的最高分，只要每个同学比较一次就行了。如果利用你们写的两个方法，你们可以试试看，估计想要写完代码，今天都回不了家了。"

大宝 "丁丁老师，这个经典写法确实好，你再教我们几个吧！"

丁丁老师 "大宝的学习精神真棒，不过'一口吃不了一个胖子'，你们先消化消化，以后再教你们新算法。"

 课后练一练

1. 设有函数关系为

$$y=\begin{cases} -1 & x<0 \\ 0 & x=0 \\ 1 & x>0 \end{cases}$$

下面的选项中不能正确表示上述关系的是（　　　）。

A. 
```
if(x<=0)
  if(x<0) y=-1;
  else y=0;
else y=1;
```

B. 
```
y=1;
if(x<=0)
  if(x<0) y=-1;
  else y=0;
```

小学生
C++ 编程启蒙

C. y=-1;
  if(x>=0)
    if(x==0) y=0;
    else y=1;

D. y=-1;
  if(x!=0)
    if(x>=0) y=1;
    else y=0;

2. 下面是一个功能未知的程序，如果分别输入字符 'A' 和 '3'，则其输出结果为（    ）。

```cpp
#include<iostream>
using namespace std;
int main() {
    char ch;
    cout<<"请输入一个字符：";
    cin>>ch;
    if(ch>='a' && ch<='z')
        ch=ch-'a'+'A';
    else if(ch>='A' && ch<='Z')
        ch=ch-'A'+'a';
    cout<<ch<<endl;
    return 0;
}
```

A. 'A' 和 '9'          B. 'a' 和 '3'          C. 'a' 和 '9'          D. '0' 和 '3'

3. 变量交换算法

68

丁丁老师 "大宝大牙，我今天再教你们一个经典的算法——交换两个变量中的值。这个方法可以形象地比喻为交换两个杯子中的饮料。"

程序的核心代码如下：

```
t=a;
a=b;
b=t;
```

丁丁老师 "这个变量交换算法是很多算法的基础。比如排序算法，要实现 3 个数的从小到大排序，就可以利用交换算法。每次比较两个数的大小，如果不是从小到大的顺序，就交换两个数的值，把 3 个数都比较一遍后，这 3 个数就是从小到大排序的了。"

请你来试一试，实现 3 个数的排序。

输入 / 输出示例：

输入：

```
3 1 2
```

输出：

```
1 2 3
```

# 第 3 单元

# for 循环结构

 大宝 "丁丁老师，今天我用打印机打印了 3 张试卷，我想知道打印机是如何编程实现的？是采用顺序结构，比如：

打印 1 张；

打印 1 张；

打印 1 张；

这样的吗？"

 丁丁老师 "大宝的想象力真不错，你说的没有问题，打印机确实是按照这种顺序执行的，不过它采用的不是这种顺序结构。"

 "哦，那我就奇怪了。"

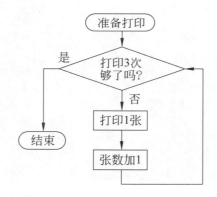 "你看呀！你这 3 条语句都一样，在编程中还有一种循环结构，只要把'打印 1 张'循环 3 次就行了。"

循环结构也是程序设计的基本结构之一，重复和循环广泛应用于各类程序，这样就可以让人摆脱枯燥繁重的重复劳动了。

丁丁老师　"我今天给大家讲一个'数学王子'高斯的故事。"

大家异口同声地说："好！"

丁丁老师　"高斯是德国著名的数学家，据说在他 10 岁那年，他的数学老师布特纳给学生们出了一道题：将 1 加 2、加 3，一直加到 100，求最后的和。哪位同学算出正确结果，就可以回家了。正当其他同学刚开始算的时候，高斯就得出了正确答案。大家知道高斯是怎么算的吗？"

大牙　"我知道，结果是 5050。高斯首先计算 1+100=101，然后计算 2+99=101，再然后计算 3+98=101，一直计算到 50+51=101，一共是 50 个 101，也就是 50×101=5050。"

丁丁老师　"大牙真厉害！"

大牙　"嘿嘿！丁丁老师，我看过这个故事！"

丁丁老师　"嗯！那也不错！今天我们要学习的就是如何利用程序来实现布特纳的

题目。"

 大牙 "这个简单，我来写！"

案例 1： 计算 1+2+3+…+100 的高斯方法。

```cpp
#include<iostream>
using namespace std;
int main()
{
    int total;
    total=(1+100)*(100/2);
    cout<<total;
    return 0;
}
```

丁丁老师 "大牙的写法很好，完全符合高斯的想法。但这个想法和计算机的思想不太一致！"

大牙 "怎么不一致了？"

丁丁老师 "计算机最喜欢做的就是那些简单、重复的劳动！比如说：高斯的想法是将 50 个 101 相加，这就是重复劳动，简单又不用动脑！我们今天学习一个新的语句——for 语句，利用它可以实现程序的重复。利用 for 语句实现的高斯方法是这样的。"

案例 2： 高斯方法的 for 语句实现。

```cpp
#include<iostream>
using namespace std;
int main()
{
    int total=0,i;
    for(i=1;i<=50;i++)
        total=total+101;
    cout<<total;
    return 0;
}
```

丁丁老师　"这里的 i 是计数器，用来记录程序循环的次数，i 从 1 到 50，一共循环了 50 次，也就是把 50 个 101 加入 total 的总和结果。"

大牙　"这个程序就可以实现 50 次加法了！真是太好了，那我把 50 改成 100，就可以循环 100 次了吧？"

丁丁老师　"那当然了！说起 100，这个程序还可以稍加修改，就可以实现同学们的常规计算方法，也就是把 1 依次加到 100 的计算过程。"

**案例 3：** **常规计算方法。**

```
#include<iostream>
using namespace std;
int main()
{
    int total=0;
    for(int i=1;i<=100;i++)
        total+=i;
    cout<<total;
    return 0;
}
```

大牙　"这里的 i 不是计数器吗？怎么也用于计算了？"

丁丁老师　"i 是计数器，但 i 也是变量，把 i 作为一个变量进行循环运算可以简化很多问题，所以这里的 i 具有双重作用，它既是计数器，也是计算数据。"

### 📝 课后练一练

1. for 循环也可以用图形化的方式表示，对于 for 语句的结构：

for（初始化表达式；判断表达式；控制条件表达式）
　　循环体；

其循环过程如下所示。

针对 for 语句的循环过程，以下说法错误的是（　　　）。

A. 循环可以不执行循环体

B. 循环先执行循环体语句，后判定表达式

C. 在循环中，3 个表达式不一定要全，但分号不能少

D. 可以包含多条语句，但要用花括号括起来

2. 下面的程序如果分别输入字符 5 和 10，则其输出结果为
（　　）。

```
#include<iostream>
using namespace std;
int main()
{
    int total=0;
    int m,n;
    cin>>m>>n;
    for(int i=m;i<=n;i++)
        total+=i;
    cout<<total;
    return 0;
}
```

A. 15          B. 30

C. 45          D. 55

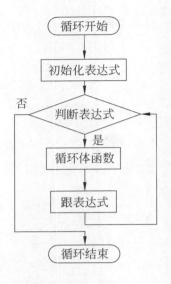

程序变量跟踪表

| n | m | i | total |
| --- | --- | --- | --- |

3.  丁丁老师　"大宝大牙，学习了 for 语句之后就可以完成很多重复的工作了，并且代码十分简单。比如第 6 课的密码程序，原来只实现了 3 位密码，请大家利用 for 语句实现 6 个相同字符的密码输入。"

输入 / 输出示例：

输入：

111111

屏幕上显示：

****** 你输入的密码是：111111

## 第 14 课　高斯难题（下）

丁丁老师，for语句3个条件的执行顺序我还是不太清楚，您能不能再讲一遍？

大宝 "丁丁老师，for 语句 3 个条件的执行顺序我还是不太清楚，您能不能再讲一遍？"

丁丁老师 "大宝，刚开始学习 for 语句时，弄不明白很正常。其实，for 语句 3 个条件的执行顺序可以利用 for 语句自己说明。接下来我仍以 '1+2+3+…+100=？' 为例进行讲解。下面的程序代码与第 13 课的案例 3 完全一样。"

**案例 1：** for 语句 3 个条件的执行顺序。

```
#include<iostream>
using namespace std;
int main()
{
    int total=0;
    int i=1;          初始化表达式
    for(;;)
    {
        if(i<=100)  判断表达式
            total+=i;  循环体
        else
            break;
        i++;          控制条件表达式
    }
    cout<<total;
    return 0;
}
```

```
高斯难题
对照程序
#include<iostream>
using namespace std;
int main()
{
    int total=0;
    for(int i=1;  i<=100;  i++)
        total+=i;
    cout<<total;
    return 0;
}
```

大宝 "丁丁老师，这样写的话就好理解了。那为什么不能这样写呢？"

丁丁老师 "大宝，你可以这样写，但你比较一下，这两种写法哪种更简单一点？"

大宝 "当然是写在一起简单了。哦，我懂了。还有一个问题，就是这个 for(;;) 语句感觉怪怪的，它是不是已经没有作用了？"

丁丁老师 "这个 for(;;) 语句没有了 3 个条件，但它的作用还是很大的，它一般用于表示死循环，也就是无限循环。"

大宝 "无限循环会永远执行下去，退不出来了？"

丁丁老师 "那倒不是，无限循环体里面一般都有一个或者多个 break 语句，用来强制退出循环。"

大宝 "无限循环有什么作用呀？"

丁丁老师 "无限循环在很多地方都有用处，比如计算机的操作系统就是一个死循环程序，进入操作系统后，操作系统就等待用户的输入，用户输入什么，系统就执行什么，直到用户选择关闭计算机，才退出系统。这个流程可以用下面的程序来模拟。"

**案例 2:** 操作系统的模拟。

```cpp
#include<iostream>
using namespace std;
int main()
{
    string str;
    for(;;)
    {
        cin>>str;
        if(str=="open")
            cout<<" 你选择了 Open 命令！"<<endl;
        else if(str=="start")
            cout<<"start...."<<endl;
        else if(str=="close")
        {
            cout<<" 正在关机 ...";
```

```
            break;
        }
        else
            cout<<" 请输入正确命令 : "<<endl;
    }
    return 0;
}
```

 "丁丁老师，for 语句只有这两种写法吗？还有没有其他写法？"

"当然有，for 语句的写法非常灵活，以下几种写法都是正确的。"

**案例 3：**   for 语句的不同写法。

写法 1：
```
for(int i=1;;)
{
    if(i<=100)
        total+=i;
    else
        break;
    i++;
}
```

写法 2：
```
for(int i=1;i<=100;)
{
    total+=i;
    i++;
}
```

写法 3：
```
int i=1;
for(;i<=100;i++)
{
    total+=i;
}
```

"不管怎么写，for 循环里面的两个分号绝对不能少，少了就会出错。"

"for 循环还有这么多变化呀！"

"明白了 for 循环的运行原理，以后你想怎么写，就可以怎么写，这就是熟能生巧。"

"好的，那我要好好努力，争取熟能生巧！"

✏️ **课后练一练**

1. 下面的 for 循环执行后，count 的值为（　　　　）。

```
for(count=0,i=0;i<=10;i=i+2)
    count+=i;
```

程序变量跟踪表

| i | count |
| --- | --- |
| | |

A. 55            B. 45

C. 30            D. 20

2. 下面的程序如果输入 20，则其输出结果为（       ）。

```
#include<iostream>
using namespace std;
int main()
{
    int count,n,i;
    cin>>n;
    count=0;
    for(i=0;;i++)
    {
        count+=i;
        if(count>=n)
            break;
    }
    cout<<i;
    return 0;
}
```

程序变量跟踪表

| i | n | count |
| --- | --- | --- |
| | | |

A. 5                B. 6                C. 8                D. 10

3. 丁丁老师 "大宝大牙，我碰到了一个很有趣的问题，一张纸的厚度是 0.0001 米，将纸对折，那么对折多少次后纸的厚度将超过珠穆朗玛峰的 8848 米？你们编程算一算。"

输入 / 输出示例：

输入：

无

输出：

27

# 黄 金 分 割

"大牙，你听说过黄金分割吗？"

"知道，0.618 呗！"

"那你知道 0.618 是如何算出来的吗？"

"这我还真不知道。"

"让我告诉你吧！有一条线段 AB，C 把它分成两段，如果满足 AC：AB=BC：AC，那么 C 点就是线段 AB 的黄金分割点了！"

A ●————————————● C ————————● B

"那这个和 0.618 有什么关系呀？"

"哈哈，如果我们把 AB 的长度看成 1，那么 AC 的长度就是 0.618 了。"

"哦！"

"还有更神奇的现象呢，你算一下 AB 的长度和 AB+AC 的长度之比，以及剩下的 BC 的长度和 AC 的长度之比，也就是 1÷1.618 以及 0.382÷0.618 是多少？"

"啊！都是 0.618，太奇妙了！不过这两个结果都是接近 0.618，并不等于 0.618。"

"大牙，其实真正的黄金分割点的位置是

$$\frac{\sqrt{5}-1}{2}$$

只不过这个数是无理数，没法除尽，所以只能用 0.618 来近似了。"

"哦，那这个无理数怎么计算呀？"

"无理数的计算比较麻烦，不过借助编程工具就容易多了。"

**案例 1：**　　黄金分割的计算。

```cpp
#include<iostream>
#include<cmath>
using namespace std;
int main()
{
    float gold;
    gold=(sqrt(5)-1)/2;
    cout<<gold<<endl;
    return 0;
}
```

"大牙，这个程序利用了 sqrt() 函数来计算 5 的开根号，sqrt() 函数包含在 cmath 头文件中，所以在调用该函数时，需要包含 cmath 头文件。"

"math？这不是数学吗？"

"对的，cmath 中包含很多数学函数，比如 exp() 函数可以计算 e 的次方，sin() 函数可以计算正弦值等。"

"我知道黄金分割点是怎么回事了！真是神奇！"

"神奇的地方还有很多呢！黄金分割点被称为美的象征，现实生活中，只要符合黄金分割，就可以给人带来美的感觉，所以它被广泛应用到平面设计中。最著名的就是达·芬奇的名作《蒙娜丽莎》，它完全符合黄金比例。"

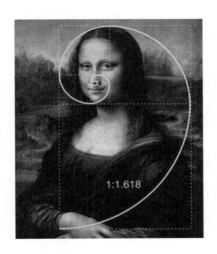
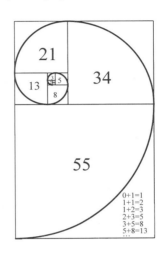

"《蒙娜丽莎》中的那条曲线是什么意思啊？"

"这条曲线被称为斐波那契螺旋线，如果我们以斐波那契数列作为一个个正方形的边长，然后拼起来，并画出曲线，那么就得到了斐波那契螺旋线，它是黄金螺旋的最佳近似。"

"斐波那契数列又是什么呀？"

"你看一下这些正方形的边长，分别是 1、2、3、5、8、13、21、34、55，发现什么规律了吗？"

"后面的一项数值是前面的两项之和。"

"对的，这就是斐波那契数列。"

"大宝，这个数列和黄金分割又有什么关系呢？"

"只要把这个数列的前一项除以后一项，就可以无限接近黄金分割了！"

"真的吗？可这么多项，怎么算呀？"

"大牙，咱们编写一个程序，不就解决了吗？"

案例2: 黄金分割的斐波那契数列计算。

```cpp
#include<iostream>
using namespace std;
int main()
{
    int n;
    int first,second,third;
    cin>>n;
    first=1;
    second=1;
    for(int i=2;i<=n;i++)
    {
        third=first+second;
        first=second;
        second=third;
        cout<<first<<"/"<<second<<"="<<1.0*first/second<<endl;
    }
    return 0;
}
```

"这个程序在输出前一项除以后一项时，写成了 1.0*first/second，这是因为变量 first 和 second 都是整型数据，而当'/'两边的数据都为整型数据时，结果只会是整数。但我们希望得到的黄金分割是小数形式，所以这个时候就需要将 first 和 second 中的某一个变量变成小数形式，即 1.0*first。"

"大宝，这个程序好复杂呀！"

"看上去挺复杂的，其实并不复杂，主要思路是这样的。"

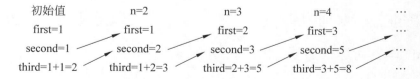

| 初始值 | n=2 | n=3 | n=4 | ... |
|---|---|---|---|---|
| first=1 | first=1 | first=2 | first=3 | ... |
| second=1 | second=2 | second=3 | second=5 | ... |
| third=1+1=2 | third=1+2=3 | third=2+3=5 | third=3+5=8 | ... |

"嗯，这样看就不复杂了。程序在 n=15 时就已经接近黄金分割了，大家赶快来试一试吧！"

课后练一练

1. 自然界中，斐波那契数列也无处不在，比如向日葵花中的螺旋形状就遵从这种排列，这些螺旋排列可以尽可能地使小花紧密地排列，从而使收集阳光的能力最大化。请各位小朋友数一数，下面的向日葵花中，顺时针螺旋和逆时针螺旋的数量分别有（　　）个。

顺时针

逆时针

A. 34 和 55　　　B. 33 和 54

C. 30 和 50　　　D. 28 和 52

2. 有一个分数序列

$$2/1+3/2+5/3+8/5+13/8+\cdots$$

下面的程序是求出这个数列前 20 项的和，但是有一部分程序缺失了，请你补充完整。

```
#include<iostream>
using namespace std;
int main()
{
    float a=1.0;
    float b=2.0;
    float sum=0.0;
    int i;
    float t;
    for(i=1;i<=20;i++)
    {
        sum=sum+b/a;
        t=a+b;
        ___(1)___;
        ___(2)___;
    }
    cout<<sum;
    return 0;
}
```

3. 对于黄金分割的求法，丁丁老师给出了一种不使用 sqrt( ) 函数就能计算 5 的开根号的方法，这种方法称为二分法，它的主要思想是：要求 5 的开根号，可以给定一个范围，首先肯定值就在这个范围内，然后每次取一个中间点把这个范围分割成两部分，通过判断值落在哪一部分来不断缩小这个范围。

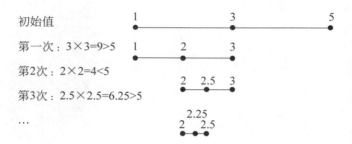

请你根据程序设计思路，将下面的程序补充完整。

```cpp
#include<iostream>
using namespace std;
int main()
{
    int n;
    float left=1,right=5;
    float mid;
    cin>>n;
    for(int i=1;i<=n;i++)
    {
        mid=_____(1)_____;
        if(mid*mid>5)
            _____(2)_____;
        else
            left=mid;
    }
    cout<<(mid-1)/2;
    return 0;
}
```

# 第16课　最大公约数

　　大宝的班级和马可的班级准备进行一场趣味运动会团体赛，大宝的班级有 48人，马克的班级有 42 人，比赛规则是每个团体必须人数相等，并且要保证班级中的每个同学都参与，所以需要将这两个班级分成不同的组，但要保证每组的人数是一样的。

　　马可建议大家到操场上去分组试试看，大宝说没必要，动动手指编个程序就 OK 了，这不就是求两个数的最大公约数吗？

**案例 1：**　　求最大公约数方法一。

```cpp
#include<iostream>
using namespace std;
int main()
{
    int gcd,a,b;
    cin>>a>>b;
    for(gcd=a;gcd>0;gcd--)
    {
        if(a%gcd==0 && b%gcd==0)
            break;
    }
    cout<<gcd;
    return 0;
}
```

"大宝，你这个程序，循环为什么从 a 开始，不从 1 开始呢？"

"大牙，我们要求的是最大公约数，当然是从最大的数开始尝试，如果这个数就是公约数，那么它肯定就是最大公约数了，直接退出，不用再判断其他的了。如果从 1 开始，还要判断这些公约数中最大的那个，相对就麻烦了。我把程序也写出来，你比较一下。"

**案例 2：** 求最大公约数方法二。

```cpp
#include<iostream>
using namespace std;
int main()
{
    int gcd,a,b;
    cin>>a>>b;
    gcd=1;
    for(int i=2;i<=a;i++)
    {
        if(a%i==0 && b%i==0)
            gcd=i;
    }
    cout<<gcd;
    return 0;
}
```

"大宝，你写的第一个程序，如果找到一个数，就利用 break 语句退出了，但第二个程序每次都要把所有公约数都遍历一遍，效率太低了。不过第二个程序也不错，要是求所有的公约数，第二个程序就可以直接用了。"

"对的，要求所有的公约数的话，1 作为公约数就要记着处理了。"

"嗯。"

"哈哈，大牙，我还有一个程序，求所有的公约数，它的效率比第二个程序还要高呢。"

"呀！赶快写出来看看。"

**案例 3：** 求所有的公约数。

```cpp
#include<iostream>
using namespace std;
int main()
{
    int gcd,a,b,t;
    cin>>a>>b;
    if(a>b)
    {
        t=a;
        a=b;
        b=t;
    }
    for(gcd=a;gcd>0;gcd--)
    {
        if(a%gcd!=0 || b%gcd!=0)
            continue;
        cout<<gcd<<endl;
    }
    return 0;
}
```

"大宝，这个程序我不太明白，为什么要交换 a 和 b 的值呢？"

"你看，只有在 a 大于 b 时才交换，这样就可以保证不论怎么输入，a 的值始终小于 b 的值。这样在后面的 for 循环中就可以减少循环次数了。假如我们输入 1000 和 2，在没有这个交换的情况下，要循环 998 次才能得到答案；但在有交换的情况下，循环 1 次就可以了。"

"哦，原来是这样。我还有一个问题，第一个程序用的是 break，这个程序用的是 continue，这两个语句有哪些区别？"

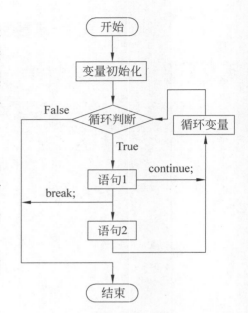

 "break 和 continue 区别就是，break 是直接结束循环，也就是跳出循环；而 continue 是直接结束本次循环，也就是只跳出这一次循环，还要继续执行下一次循环。为了方便区别，我画一张图给你看一看。"

"哦，这张图太好了，break 和 continue 的区别很直观。我也知道程序 3 效率高的原因了，对于条件 a%cd!=0 和条件 b%cd!=0，其中任意一个条件满足了，也就意味着这个变量 cd 肯定不是公约数了，就可以直接跳过后面的语句，去判断下一个数了，而程序 2 则需要完成所有判断。"

## 课后练一练

1. 有这样一段程序：

程序变量跟踪表

```cpp
int count=0;
for(int i=1;i<=10;i++)
{
    if(i%3==0)
        continue;
    count++;
}
```

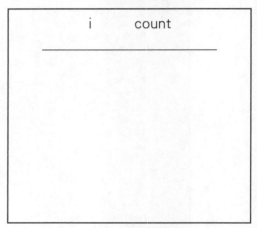

程序执行完成后，count 中的值为（　　　）。

A. 3　　　　　　　B. 5　　　　　　　C. 7　　　　　　　D. 10

2. 素数又称质数,一个大于 1 的自然数,除了 1 和它自身外,不能被其他自然数整除,就叫作素数，否则称为合数。

根据素数的定义，对于任意一个大于 1 的数 n，我们只需要判断它能否被 2 到 n−1 整除即可。下面是判断素数的程序，但是有一部分程序缺失了，请你补充完整。

```cpp
#include<iostream>
using namespace std;
int main()
{
    int n,i;
    cin>>n;
    for(i=2;i<=n-1;i++)
        if(n%i==0)
            _____(1)_____;
    if(_____(2)_____)
        cout<<" 素数! "<<endl;
    else
        cout<<" 不是素数! "<<endl;
    return 0;
}
```

3. 对于最大公约数的判断，还可以进一步优化。比如：我们输入的数据是 45 15，如果从 45 开始判断，则浪费了很多次判断；从 15 开始判断，则直接得出答案。也就是可以改进算法，从输入的两个数中较小的那个开始判断。请你完成改进算法。

输入 / 输出示例：

输入：

12 18

输出：

6

# 第17课　for 语句和字符串

"大宝，问你一个问题，上次丁丁老师介绍的那个 ASCII 码，你还记得吗？"

"应该记得。"

"那你告诉我，字符 'a' 的 ASCII 码值是多少？"

"嗯……这么长时间不用，我也记不得了。"

"我也是，要不我们去问问丁丁老师，看她有没有好的办法可以记住 ASCII 码？"

"大宝大牙，知识长时间不用，是会忘记的，所以要'温故而知新'。今天你们问到了这个问题，我就给你们介绍一下如何利用计算机把整个 ASCII 码表打印出来，这样以后就算记不得了，也可以利用计算机来查询了。"

**案例 1:** 打印 ASCII 码表。

```
#include<iostream>
```

```
using namespace std;
int main()
{
    char ch;
    for(int i=0;i<128;i++)
    {
        ch=i;
        cout<<'\t'<<i<<'\t'<<ch<<endl;
    }
    return 0;
}
```

"丁丁老师，真的输出来了，我查一下，字符 'a' 的 ASCII 码值是 97，太好了。我有一个问题，就是 '\t' 符号是什么意思？"

"这个是转义字符，所谓转义字符，就是字符本身的含义发生转变了，比如：'\t' 符号代表水平制表，相当于按了一下键盘上的 Tab 键。这个字符放在这里的主要目的是让输出的 ASCII 码和字符能够对齐。"

"哦，我知道了。我还发现一个问题，输出中第 10 行与第 11 行之间多了一个空行，这是为什么呢？"

"大牙观察得很认真。ASCII 码表中的前 32 个字符是控制字符，其中，数值 10 代表换行控制符，当以字符格式打印数值 10 时，相当于执行了一次换行操作，这就使得程序中间多出了一个空行。"

"哦，原来是这样呀！"

"还有一个情况呢！每次运行程序时，是不是会听到一阵铃声？这是 ASCII 码值为 7 的控制字符正在输出，这个字符代表响铃，其转义字符用 '\a' 表示，这就是会听到'叮咚'一声响的原因。你可以使用响铃代码单独测试一下。"

**案例 2：** 响铃测试。

```
#include<iostream>
using namespace std;
```

```
int main()
{
    cout<<(char)7;        // 或者使用 cout<<'\a';
    return 0;
}
```

"真的呀！我还有一个问题，现在打印出来的 ASCII 码表是一个竖列，能不能同时打印出多列，这样 ASCII 码表不就更美观了吗！"

丁丁老师 "大牙的这个问题很好。下面我们来实现一下。"

**案例 3：** 打印 3 列 ASCII 码表。

```
#include<iostream>
using namespace std;
int main()
{
    char ch;
    for(int i=0;i<128;i=i+3)
    {
        ch=i;
        cout<<'\t'<<i<<'\t'<<ch;
        ch=i+1;
        cout<<'\t'<<i+1<<'\t'<<ch;
        ch=i+2;
        cout<<'\t'<<i+2<<'\t'<<ch<<endl;
    }
    return 0;
}
```

"输出的整体效果挺好的，不过第 4~6 行的输出太奇怪了！感觉乱七八糟的。"

丁丁老师 "这就又回到刚才的问题了，这些奇怪的字符都是特殊的控制字符造成的。我们这里对这些字符做统一处理，就算碰到这些字符，利用空字符代替就行了。由于只涉及第 4 行和第 5 行，所以只把这两行的处理单独拿出来。"

**案例 4:** 打印 3 列 ASCII 码表（修改版）。

```cpp
#include<iostream>
using namespace std;
int main()
{
    char ch;
    for(int i=0;i<128;i=i+3)
    {
        if(i==9||i==12)  //i==9代表第4行,i==12代表第5行
        {
            cout<<'\t'<<i<<'\t'<<'\0';
            cout<<'\t'<<i+1<<'\t'<<'\0';
            cout<<'\t'<<i+2<<'\t'<<'\0'<<endl;
            continue;
        }
        ch=i;
        cout<<'\t'<<i<<'\t'<<ch;
        ch=i+1;
        cout<<'\t'<<i+1<<'\t'<<ch;
        ch=i+2;
        cout<<'\t'<<i+2<<'\t'<<ch<<endl;
    }
    return 0;
}
```

 课后练一练

1. 对于下面的程序段：

```cpp
for(char ch='A';ch<='Z';ch++)
    cout<<ch-'A'+1<<" "<<ch<<endl;
```

其输出结果是（　　　）。

A. 输出错误，不能正常运行

B. 输出 26 行，每行两个字符，字符中间有空格

C. 输出 26 行，每行一个数字，一个空格，再加上一个字符

D. 输出 26 行，输出两个数字，数字中间有空格

2. 学习 for 语句后，我们可以利用循环实现连续输入多位密码的程序。下面的程序实现了用户输入多个密码字符，全部显示 "*"，以回车符结束输入，之后显示输入的字符。程序的一部分缺失了，请你补充完整。

```cpp
#include<iostream>
#include<____(1)____>
using namespace std;
int main()
{
    string str="";
    char c;
    c=getch();
    for(;c!='\r';)
    {
        str=str+c;
        cout<<"*";
        ____(2)____;
    }
    cout<<" 你输入的密码是："<<str;
    return 0;
}
```

3. 大宝搜集了常用的转义字符，并把这些转义字符制作成了一张表格，以后备用。

| 转 义 字 符 | 意 义 | ASCII 码值（十进制） |
|---|---|---|
| \a | 响铃（BEL） | 007 |
| \b | 退格（BS），将当前位置移到前一列 | 008 |
| \f | 换页（FF），将当前位置移到下一页开头 | 012 |
| \n | 换行（LF），将当前位置移到下一行开头 | 010 |
| \r | 回车（CR），将当前位置移到本行开头 | 013 |

| 转 义 字 符 | 意 义 | ASCII 码值（十进制） |
|---|---|---|
| \t | 水平制表 (HT)（跳到下一个 Tab 位置） | 009 |
| \v | 垂直制表 (VT) | 011 |
| \\ | 代表一个反斜线字符 | 092 |
| \' | 代表一个单引号字符 | 039 |
| \" | 代表一个双引号字符 | 034 |
| \? | 代表一个问号 | 063 |
| \0 | 空字符 (NUL) | 000 |
| \ddd | 1 到 3 位八进制数代表的任意字符 | 3 位八进制 |
| \xhh | 十六进制代表的任意字符 | 十六进制 |

大宝在使用字符编程时碰到了一个问题，就是利用下面的程序输出所有的 ASCII 码表，但是只能输出一部分，请你指出原因并修改程序。

```cpp
#include<iostream>
using namespace std;
int main()
{
    char ch;
    for(ch='\0';ch<'\127';ch++)
        cout<<'\t'<<(int)ch<<'\t'<<ch<<endl;
    return 0;
}
```

# 回 文 数

"大家安静一下，今天我学习了一个对联，我出上联，看看哪位同学能对出下联。" 大牙在班上说。

"上联是——上海自来水来自海上。正着读、倒着读都一样，怎么样？哪位同学能够对上？" 大牙接着说。

大家议论纷纷，都在讨论。

"这也太难了吧！大宝，你有下联吗？" 星星问。

大宝 "哈哈，我的下联是——黄山落叶松叶落山黄。怎么样？" 大宝洋洋得意起来。

大宝 "大牙，你说的这个对联应该属于回文对吧！"

大牙 "是的，我今天专门研究了回文对，老祖宗留下了很多有意思的回文对，再比如：池满红花红满池，天连碧水碧连天。真是太有意思了。"

大宝 "我对回文对不太清楚，但我知道回文数。"

大牙 "什么是回文数？"

大宝 "回文数和回文对一样，指的是正读、反读都相同的数字，比如 121，55。"

大牙 "哦，那真和回文对一样。"

大宝 "看来很多知识都是相通的。回文数是一类非常特殊的数，人们利用电子计算机进行实践时，还发现了一桩趣事：任何一个自然数与它的倒序数相加，所得的和再与和的倒序数相加，如此反复进行下去，经过有限次的步骤后，最后必定能得到一个回文数。"

 "真的吗？"

 "比如这个，

$$12+21=33$$

$$39+93=132 \qquad 132+231=363$$

你自己可以随便找一个数字试一试。"

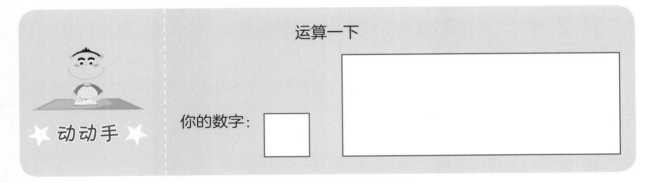

运算一下

你的数字：

大牙试了几个数字，果然如此。

"大牙，回文数可以利用程序来自动判断，我写了一个程序，可以判断一个 3 位数是否是回文数。"

**案例 1：**　　3 位回文数判断。

```cpp
#include<iostream>
using namespace std;
int main()
{
    int n,dn;
    int ge,shi,bai;
    cin>>n;
    ge=n%10;
    shi=n/10%10;
    bai=n/100;
    dn=ge*100+shi*10+bai;
    if(n==dn)
```

```
        cout<<n<<" 是回文数！";
    else
        cout<<n<<" 不是回文数！";
    return 0;
}
```

"你这个程序写得挺好的，但是只能判断 3 位数是否是回文数，要是能够判断任意位数的数字就好了！"

"任意位数的回文数可不好判断，首先要判断一个整数有几位就不容易，更不用说是任意位数的回文数了。"

"慢着，你说什么？判断一个整数有几位不容易？我觉得根本不需要判断，直接把这个整数倒过来不就行了吗？"

"啊！你会？"

"看我的。"

**案例 2：** 任意位数的回文数判断。

```cpp
#include<iostream>
using namespace std;
int main()
{
    int n,tn,dn;
    int temp;
    cin>>n;
    tn=n;
    dn=0;
    for(;tn!=0;)
    {
        temp=tn%10;
        dn=dn*10+temp;
        tn=tn/10;
    }
```

```
    if(n==dn)
        cout<<n<<" 是回文数！";
    else
        cout<<n<<" 不是回文数！";
    return 0;
}
```

"啊！大牙，你可真厉害，你是怎么想到利用这个方法来解决这个问题的？"

"这也不是我想到的，是我从算法书上看到的，将一个数反转过来主要分两步，第一步是利用取余运算依次把一个整数分解成单个的一位数，第二步就是将得到的一位数依次组建成一个多位数。"

"是哪本算法书，赶紧告诉我，我也去买一本。"

## 课后练一练

1. 4 位整数的回文数一共有（      ）个。

　　A. 60　　　　　　　B. 80　　　　　　　C. 90　　　　　　　D. 108

2. 利用整型变量表示回文数，只能判断有限位数的回文数，如果把数以字符串看待，就可以判断任意位数的回文数了。判断方法与整数类似，只需要将这个字符串倒过来和原始字符串比较即可。下面的程序不太完整，请你补充完整。

```
#include<iostream>
using namespace std;
int main()
{
    string n,sn,t,dn="";
    cin>>n;
    for(sn=n;sn!="";)
    {
        t=_____(1)_____;
        dn=t+dn;
```

```
        sn=sn.substr(1,sn.length());
    }
    if(_____(2)_____)
        cout<<" 回文数！";
    else
        cout<<" 不是回文数！";
    return 0;
}
```

# 第 4 单元

# while 循环结构

丁丁老师 "下面这首《上邪》出自汉乐府民歌《饶歌》，请大家朗诵。"

上　邪

我欲与君相知，长命无绝衰。山无陵，江水为竭。冬雷震震，夏雨雪。天地合，乃敢与君绝。

大宝 "今天真奇怪，丁丁老师怎么开始教古文了。"

丁丁老师 "大宝，你来说一下，作者'与君绝'的条件是什么？"

大宝 "有 3 个，一是山无陵，江水为竭；二是冬雷震震，夏雨雪；三是天地合。"

丁丁老师 "很好！这其实就是一个死循环。"

大宝 "怎么成死循环了呢？"

丁丁老师 "你看呀！作者写的这些条件都不会成立，所以他与他喜欢的人就不会分开，进入循环状态。利用计算机程序表达的话，就是一个 while 型的当型循环。"

```
while 当（山有陵，江水未竭 || 未出现冬雷震震和夏雨雪 || 天地未合）
{
        与君相好；
}
与君相绝
```

循环结构中的 while 循环是当型循环，只要 while 后面的条件成立，就会不断循环下去。所以，只有作者的誓言全部出现，也就是 3 个条件全不成立，才能跳出循环，你觉得可能吗？

再谈高斯难题

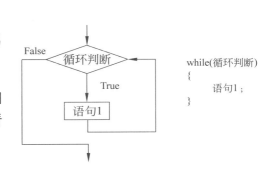

"大家好，大家还记得我给大家讲的高斯难题的故事吗？我今天要给大家重新用程序实现一遍。"

"丁丁老师，那个程序我会了，为什么还要实现一遍？"

"今天我会用另一种方法，也就是 while 循环来实现。"

"while 循环？"

"对的，while 循环是实现循环的另一种形式，它的语法是这样的。"

"大家看，它的结构比 for 循环更加简洁，下面我们就以高斯难题为例，给大家看看 while 循环的写法和这两种循环的差异。"

```
while(循环判断)
{
    语句1；
}
```

**案例 1:** 高斯难题的 while 循环写法。

```
while 循环:
#include<iostream>
using namespace std;
int main()
{
    int i=1;
    int total=0;
    while(i<=100)
    {
        total+=i;
        i++;
    }
    cout<<total;
    return 0;
}
```

```
for 循环对照程序:
#include<iostream>
using namespace std;
int main()
{
    int i=1;
    int total=0;
    for(;i<=100;)
    {
        total+=i;
        i++;
    }
    cout<<total;
    return 0;
}
```

大宝 "丁丁老师,从这两种写法上看,while(i<=100) 的写法和 for(;i<=100;) 写法是等价的。"

丁丁老师 "对的。"

大宝 "那为什么还要再学习 while 循环呢?"

丁丁老师 "这有多个原因,我们这里说其中一个原因——计算机高级语言主要是供人们阅读和编写计算机程序的,有了两种循环,人们就可以有所选择。而 while 循环和 for 循环根据语法结构的不同,擅长的循环也不同。while 循环一般用于不知道循环次数的情况,而 for 循环擅长用在已知循环次数的情况。"

大宝 "哦,原来是这样。原来讲过 for 循环有很多变形,while 循环能变形吗?"

丁丁老师 "while 循环也能够变形。咱们看看下面的例子。"

**案例 2:** 高斯难题的 while 无限循环写法。

```
#include<iostream>
using namespace std;
```

```
int main()
{
    int i=1;
    int total=0;
    while(1)
    {
        if(i<=100)
            total+=i;
        else
            break;
        i++;
    }
    cout<<total;
    return 0;
}
```

 丁丁老师 "这里的 while(1) 是无限循环的写法，由于 1 在 C++ 中代表 True，也就是真，所以这个条件不会成为 False，也就变成无限循环了。在无限循环体里，一般要有一个或者多个 break 出口，用来跳出循环。"

 大宝 "哦，while 循环也挺有趣的。"

## 课后练一练

1. 对于下面的程序段：

```
int k=10,count=0;
while(k!=0)
{
    k=k-1;
    count++;
}
```

该程序执行完毕后，count 的值为（        ）。

程序变量跟踪表

| k | count |
| --- | --- |
|  |  |

A. 0          B. 1          C. 9          D. 10

2. 大宝学习 while 循环之后，觉得整数相加太简单了，于是决定计算一下下面这个表达式的和：

$$1+1/3+1/5+\cdots+1/99$$

他写出了一部分程序，但程序不太完整，请你补充完整。

```cpp
#include<iostream>
using namespace std;
int main()
{
    int i=1;
    float total=0.0f;
    while(i<100)
    {
        total+=   (1)   ;
           (2)   ;
    }
    cout<<total;
    return 0;
}
```

3. 　　丁丁老师 "大宝大牙，还记得上次的那个问题吗？一张纸的厚度是 0.0001 米，将纸对折多少次纸的厚度才能超过珠穆朗玛峰的 8848 米？你们回顾一下，再用 while 循环来编程算一算。"

输入 / 输出示例：

输入：

| 无 |
|---|

输出：

| 27 |
|---|

# 第20课 再谈最大公约数

丁丁老师 "大家好，大家还记得最大公约数吗？今天我把最大公约数的实现再给大家讲一遍。"

大宝 "丁丁老师，讲过的东西，我们都会了，为什么还要讲呀？"

丁丁老师 "大宝，你知道'温故而知新，可以为师矣'这句古语吗？"

大宝 "我知道，就是温习旧知识从而得到新的理解与体会，凭借这一点就可以成为老师了。"

丁丁老师 "很棒！我们就是要不断温习过去的知识，通过巩固过去的知识更好地学习新知识。"

大宝 "好的，那今天程序由我来写，怎么样？"

丁丁老师 "那太好了，你就用 while 循环把最大公约数实现一下吧！"

大宝 "呀！while 循环？我只会 for 循环的。"

丁丁老师 "最大公约数和 while 循环都是学过的知识，但是把两者结合起来就是新知识了。"

大宝 "哦，老师，我明白了。那还是让我来试试看吧！"

**案例 1：** 最大公约数的 while 循环实现。

```cpp
#include<iostream>
using namespace std;
int main()
{
    int gcd,a,b,t;
    cin>>a>>b;
    gcd=a;
    if(a>b) gcd=b;
    while(gcd>0)
    {
        if(a%gcd==0 && b%gcd==0)
            break;
        gcd--;
    }
    cout<<gcd;
    return 0;
}
```

丁丁老师 "大宝同学的程序写得很好，首先判断了两个数中的较小值，然后利用较小值进行最大公约数的判断。"

大宝 "谢谢老师！"

丁丁老师 "老师今天再讲一种更高效的方法——辗转相除法。辗转相除法又称为欧几里得算法，主要用来求两个正整数的最大公约数。古希腊数学家欧几里得最早描述了这种算法，所以它被命名为欧几里得算法。"

大宝 "就是古希腊研究几何学的那个欧几里得吗？"

丁丁老师 "是的，他的著作《几何原本》( *The Elements* ) 影响深远，所以他被称为几何之父。这个算法是他的成果之一。在学习算法之前，我们先来学习一个定理，如果用（m,n）来表示 m 和 n 的最大公约数，那么有一个定理——已知 m,n,r 均为正整数，若 m%n=r，则（m,n）=（n,r）。这个就是求最大公约数的依据，定理的证明过程我就不详细解释了，大家请参考其他学习资料。下面我们来看一下这个算法的思路。"

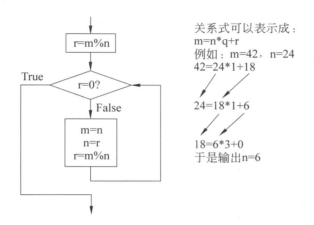

关系式可以表示成：
m=n*q+r
例如：m=42，n=24
42=24*1+18

24=18*1+6

18=6*3+0
于是输出n=6

---

**案例 2：**　　辗转相除法。

```cpp
#include<iostream>
using namespace std;
int main()
{
    int m,n,r;
    cin>>m>>n;
    r=m%n;
    while(r)
    {
        m=n;
        n=r;
        r=m%n;
    }
    cout<<n<<endl;
    return 0;
}
```

"这个算法的效率有多高？"

丁丁老师 "可以利用下面这张表举几个例子。剩下的两个格子请同学们自己计算一下。"

| 算法 ＼ 判断次数 | （42，24） | （1523，432） | （124，424） | （3456，654） |
|---|---|---|---|---|
| 案例 1 算法 | 18 | 431 | | |
| 辗转相除法 | 3 | 5 | | |

大宝 "那怎么算呀？"

丁丁老师 "就是把上面两个算法的核心部分增加一个变量，这个变量用来统计算法一共执行了多少次。"

大宝 "哦！那我赶紧试一试。"

 课后练一练

程序变量跟踪表

| n | w |
|---|---|
| | |

1. 对于下面的程序段：

```
int n=12345,w=0;
while(n)
{
    n=n/10;
    w++;
}
```

该程序执行完毕后，w 的值为（    ）。

A. 0　　　　　　　B. 1　　　　　　　C. 5　　　　　　　D. 12345

2. 公倍数是指在两个或两个以上的自然数中，如果它们有相同的倍数，那么这些倍数就是它们的公倍数，其中，除 0 以外最小的一个公倍数叫作这几个数的最小公倍数。

求最小公倍数的方法和最大公约数的类似，首先找到较大的那个数，然后依次从 1 开始放大这个数的倍数，直到它是两个数的公倍数，即为最小公倍数。下面是求最小公倍数的程序，请你补充完整。

```cpp
#include<iostream>
using namespace std;
int main()
{
    int n,m,i;
    cin>>n>>m;
    if(____(1)____)
    {
        int temp=n;
        n=m;
        m=temp;
    }
    i=1;
    while(i<=m)
    {
        if(____(2)____)
            break;
        i++;
    }
    cout<<n*i<<endl;
}
```

3. 最大公约数和最小公倍数之间的关系：两个数的乘积等于这两个数的最大公约数与最小公倍数的乘积。假设有两个数是 a 和 b，它们的最大公约数是 p，最小公倍数是 q，那么就存在这样的关系式：ab=pq。根据这个等式，可以实现最大公约数和最小公倍数之间的转换。请你利用辗转相除法先求出 p，然后求出 q。

输入 / 输出示例：

输入：

12 18

输出：

36

# 第21课 圆周率是多少

"大牙，今天是 3 月 14 日，你知道是什么节日吗？"

"3 月 14 日，什么节日？不知道。"

"是 π 节！"

"啥？π 节？没有听说过。"

"π 节又称为国际圆周率日、国际数学日，主要是为了庆祝'数学在日常生活中的美丽与重要'。"

"大宝，你是怎么知道这个节日的呢？"

"我最近认真地研究了 π。"

"π 有什么好研究的，不就是 3.14 吗？"

"那我问你，你知道怎么求 π 吗？"

大牙 "简单呀！不就是圆的周长除以直径吗？"

 大宝 "你的这种方法，是最原始的方法，能算出 3.14 就很不错了，要想算出 3.141 592 6 这样的高精度 π 值，你会吗？"

 大牙 "难道你会？"

大宝 "那当然了。我先教你一种简单的方法，叫作蒙特卡洛方法，又称为随机抽样或统计试验方法。这个方法首先构造了一个单位正方形和一个单位圆的 1/4，往整个区域内随机投入点，根据点到原点的距离判断点是落在 1/4 的圆内还是圆外，从而根据落在两个不同区域的点的数目，求出两个区域的比值。如此一来，就可以求出 1/4 单位圆的面积，从而求出圆周率 π 了。

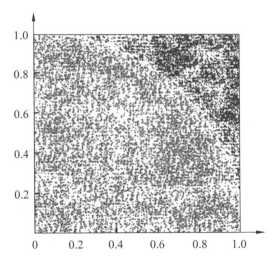

该方法的原理是根据等概率公式，设点落入圆内的概率 p 为

$$p = \frac{\text{落入圆内的点数}}{\text{总点数}} = \frac{m}{n} = \frac{S_{圆}}{S_{方}} = \frac{\pi}{4}$$

于是，可以得出

$$\pi = \frac{4m}{n}$$

你听懂了吗？"

 大牙 "听是听懂了，可是怎么投入点呀？"

"可以利用计算机编程来模拟投点。计算机中有一个 rand( ) 函数叫作随机函数，它可以产生随机数。让随机数作为随机投放点，再来判断这些投放点是否在圆内就可以了。"

"这个方法好，这样就不需要真的投点了。可是随机函数怎么使用呢？"

"随机函数的使用非常简单，你看看下面的程序，它可以生成 10 个随机数。"

**案例 1：** 伪随机数。

```cpp
#include<iostream>
#include<cstdlib>
using namespace std;
int main()
{
    int num=10;
    while(num--)
        cout<<rand()<<endl;
}
```

"是很简单，等等！有一个问题，为什么两次运行的随机数结果是一样的呢？"

"你观察得真仔细，rand( ) 函数生成的是伪随机数。如果探究原理，rand( ) 函数的算法是用一个叫作种子的值来控制生成数字的，默认情况下，种子的值是 1，如果改变种子为不同的值，随机数也会不同。"

"种子？商店卖的种子吗？"

"哈哈！大牙！你可真逗！这里的种子是一个函数 srand(seed)。只要每次改变这个函数中 seed 的值，得到的随机数就不同了。"

"每次都要改变，那怎么才能做到呢？"

"你想一下，什么是不停变化的？"

"不停变化？时间！"

"对的！时间是不停变化的，我们可以用时间函数作为种子。"

**案例2:** 随机数。

```cpp
#include<iostream>
#include<cstdlib>
#include<ctime>
using namespace std;
int main()
{
    int num=10;
    srand(time(0));
    while(num--)
        cout<<rand()<<endl;
    return 0;
}
```

开始
完成 N 次投点? —是
否
生成两个0~1的随机数作为投放点
点是否在圆内? —否
是
圆内点数量加1
计算π值
结束

 "哈哈！这次是真的随机了。不过还有一个问题，你刚才说需要生成的是一个 0~1 的数，可是这里生成的都是很大的数。这可怎么办？"

 "这个简单，rand( ) 函数生成的是 0~RAND_MAX 的随机整数，这里的 RAND_MAX 是系统定义的一个常量，代表随机数生成函数 rand 所能返回的最大数值。只要将生成的随机数除以这个最大值就可以了，具体方法就是 rand( )/double(RAND_MAX)。"

"哦！那赶快编写程序计算 π 吧！"

"下面我们来看看程序吧！"

**案例3:** 蒙特卡洛法。

```cpp
#include<iostream>
#include<cstdlib>
#include<ctime>
#include<cmath>
using namespace std;
int main()
{
```

```
int sum,hit;
double a,b;
srand(time(0));
sum=100000;        // 计划投点 100000 次
while(sum--)
{
    a=rand()/double(RAND_MAX);
    b=rand()/double(RAND_MAX);
    double d=sqrt(a*a+b*b);
    if(d<=1)
        hit++;
}
double ans=(double)hit*4/100000;
cout<<ans;
}
```

"大宝，程序是运行出来了，不过还有一个问题，这个程序得到的 π 值不仅不确定，也不精确，你看运行的几次结果。"

3.1452     3.13796     3.14128     3.15512

"你想一想，这个程序利用的是随机数，答案当然是随机的了。要想得到更精确的数据，可以增加投放点的个数。不过，投放点个数太多的话，程序的运行时间就会很长，赶快记录一下你的投放点个数和计算的 π 值吧！"

你的投放点个数：□　　　　计算结果：□

**★ 动动手 ★**

### ✎ 课后练一练

1. 对于 rand( )%100 的结果，不可能输出的数为（　　　）。

A. 0 　　　　　　 B. 10 　　　　　　 C. 99 　　　　　　 D. 100

2. "大宝，我有一个问题，利用计算机随机生成的随机数能控制位数吗？"

"大牙，生成的随机数不能控制位数，不过我们可以利用变通的方法来实现。一个两位数的数值范围肯定是 [10,99]，这个数值范围可以调整成 [0,89]+10，而 [0,89] 很好实现，直接用 rand( )%90 就可以了。"

"大宝，这个方法太好了。"

"利用这个方法可以生成任意区间的随机数，它还有一个公式呢，生成 [a,b] 区间的随机数的方法就是

$$rand\%(b-a+1)+a$$

大牙，下面的程序是随机生成 10 个两位数，然后输出这 10 个数和它们的平均值，你来练习一下。"

```cpp
#include<iostream>
#include<cstdlib>
#include<ctime>
using namespace std;
int main()
{
    int i,num=10,sum=0;
    float avg;
    srand(time(0));
    while(num--)
    {
        i=____(1)____;
        cout<<i<<" ";
        sum+=i;
    }
    avg=____(2)____;
    cout<<endl<<avg;
    return 0;
}
```

输入 / 输出示例：

输入：

```
25 70 14 31 97 42 76 29 97 81
```

输出：

```
56.2
```

3. "你知道的真不少，除了蒙特卡洛算法，你还知道其他的求解方法吗？"

"圆周率是数学中非常重要和奇妙的数，所以研究它的人特别多，求解方法估计有上百种，你要是想知道得更多的话，可以专门去研究研究。我再给出一种方法，请大家一起用计算机来实现一下吧！"

$$\pi/2=(2/1)(2/3)(4/3)(4/5)(6/5)(6/7)\cdots$$

# 今天的收入

学校要举办一次闲置物品售卖会，大宝把自己的闲置物品整理了一下，一共整理出了三类：图书、玩具和生活用品。看着满满的一堆闲置物品，大宝盘算着到底能够卖多少钱。他突然想到超市都有收银系统，要是自己做一个收银系统，那今天的收入就可以清清楚楚了。说干就干，编写一个模拟售卖过程的收银系统，每卖出一件物品，就把卖出的物品编号和收入输入程序，售卖结束后，就可以给出这三类物品分别卖了多少钱，总共卖了多少钱。

案例1：　　　收银模拟系统。

```cpp
#include<iostream>
using namespace std;
int main()
{
    int s;
    float price,book=0,toy=0,living=0;
    cout<<" 物品编号如下 "<<endl;
    cout<<"1: 图书 "<<endl;
    cout<<"2: 玩具 "<<endl;
    cout<<"3: 生活用品 "<<endl;
    cout<<"0: 退出 "<<endl;
    do{
```

```
        cout<<" 请选择你卖出的物品编号 : "<<endl;
        cin>>s;
        cout<<" 请输入物品的售卖价格 : ";
        cin>>price;
        switch(s)
        {
            case 0:break;
            case 1:book+=price;break;
            case 2:toy+=price;break;
            case 3:living+=price;break;
            default:cout<<" 无效选项 "<<endl;break;
        }
    }while(s!=0);
    cout<<" 今天书卖了 : "<<book<<" 元。 "<<endl;
    cout<<" 今天玩具卖了 : "<<toy<<" 元。 "<<endl;
    cout<<" 今天生活用品卖了 : "<<living<<" 元。 "<<endl;
    cout<<" 今天一共卖了 : "<<book+toy+living<<" 元。 "<<endl;
    return 0;
}
```

程序编写好了，大牙今天也要参加售卖会，这个程序也给他用用。

售卖会结束后。

大宝 "大牙，今天售卖会卖了多少钱？"

大牙 "大宝，我总共卖了 176 元。这个程序真方便，我也想学一学。"

大宝 "那好呀！给你看一下源代码。"

大牙 "大宝，这个程序中的 while 语句怎么跑到后面去了？"

大宝 "这是 while 语句的变形，有时候需要先执行一次循环体，才能判断结束条件，这时就用 do-while 语句。比如这个程序，必须要求用户输入一次，才能判断用户输入的是什么。如果是物品编号，则执行售卖操作；如果是 0，则退出系统。"

大牙 "哦，我明白了。这个程序在最开始地方做了一个物品编号提示，这个设计很方便。"

大宝 "这个系统模拟了菜单功能，一般系统都有一个系统说明，相当于系统的说明文件，可以引导用户使用系统。"

大牙 "最后的输出结果分类汇总也很好。"

大宝 "嗯，这个模拟了系统的报表功能，汇总了总收入情况和分类收入情况。"

大牙 "不过，我也发现了系统的一些问题。"

大宝 "哦？哪些问题？把程序给你使用，就相当于系统测试了，现在就是在给系统做测试报告了。"

大牙 "问题有两个，第一个是物品编号输入错误的问题，比如我输入了 4，按道理应该提示编号输入错误，让我重新输入，但是系统却还是让我输入物品的售卖价格；另一个问题是当我输入 0 后，不是应该退出吗？当时系统还是让我输入物品的售卖价格，之后才能退出。"

大宝 "嗯，你提出的这两个问题都是对的，我来改进一下。"

**案例 2：** 收银模拟系统改进程序。

```cpp
#include<iostream>
using namespace std;
int main(){
    int s;
    float price,book=0,toy=0,living=0;
    cout<<" 物品编号如下 "<<endl;
    cout<<"1: 图书 "<<endl;
    cout<<"2: 玩具 "<<endl;
    cout<<"3: 生活用品 "<<endl;
    cout<<"0: 退出 "<<endl;
    do{
        cout<<" 请选择你卖出的物品编号："<<endl;
        cin>>s;
        if(s==0)
```

```
                    break;
            else if(s!=1&&s!=2&&s!=3)
            {
                cout<<" 编号输入错误，请重新输入。"<<endl;
                continue;
            }
            cout<<" 请输入物品的售卖价格：";
            cin>>price;
            switch(s)
            {
                case 0:break;
                case 1:book+=price;break;
                case 2:toy+=price;break;
                case 3:living+=price;break;
                default:cout<<" 无效选项 "<<endl;break;
            }
        }while(1);
        cout<<" 今天书卖了："<<book<<" 元。"<<endl;
        cout<<" 今天玩具卖了："<<toy<<" 元。"<<endl;
        cout<<" 今天生活用品卖了："<<living<<" 元。"<<endl;
        cout<<" 今天一共卖了："<<book+toy+living<<" 元。"<<endl;
        return 0;
    }
```

"大牙，针对你提出的两个问题，我设计了两个补丁。针对第一个问题，如果用户输入的不是0、1、2、3这四个数字，就给出错误提示，让用户重新输入，并且利用 continue 提前结束本次循环；针对第二个问题，如果用户输入 0，就直接利用 break 退出 while 循环。"

"哈哈，大宝，你这样一修改，程序真是完美了！"

"完成一个完美的程序，你也有很大的功劳呀！"

**课后练一练**

1. 以下关于该段代码的行情况，正确的叙述为（　　　）。

```
a=0;
while(a<10)
{
    a+=0.5;
    cout<<a<<endl;
}
```

程序变量跟踪表

| a |
| --- |
|  |

A. 打印结果第一个数是 0    B. 打印结果第一个数是 0.5

C. 打印结果最后一个数是 9.5    D. 程序循环执行了 10 次

2. 🐵 大牙 "大宝，你写的那个售卖系统真的不错！能不能再写一个系统给我用用？"

🐵 大宝 "再写一个！写什么呢？"

🐵 大牙 "随便写。"

🐵 大宝 "好，那我写一个猜数字系统，系统随机生成 1~100 的一个整数，然后让用户来猜，系统会自动提示用户猜大了还是猜小了，直到用户猜对数字，程序结束。"

🐵 大牙 "太好了，这个程序肯定好玩。"

🐵 大宝 "别光想着玩了，这个程序还剩一部分，留给你来写，写对了就可以玩了！"

```
#include<iostream>
#include<stdlib.h>
#include<ctime>
using namespace std;
int main(){
    srand(___(1)___);
    int num=rand()%100+1;
    int n=0;
```

```
while(1){
    cout<<" 玩家请输入猜测数值 :"<<endl;
    cin>>n;
    if(n>num){
        cout<<" 猜测过大 "<<endl;
    }
    else if(n<num){
        cout<<" 猜测过小 "<<endl;
    }
    else{
        cout<<" 恭喜你猜中了 !"<<num<<endl;
        ____(2)____;
    }
}
return 0;
}
```

3. 输入多个正整数，统计一下这些数中奇数和偶数的个数，如果用户输入的数字小于 0，则提示用户输入错误，让用户重新输入，不做奇偶数判断；如果用户输入的数字是 0，则退出循环，给出奇数和偶数的个数。

输入 / 输出示例：

输入：

```
1 3 4 23 43 12 7 8 12 11 0
```

输出：

```
奇数：6
偶数：4
```

# 第23课 字符统计

 "大宝，我今天绞尽脑汁总算把英语老师布置的作文写好了。"

"你一共写了多少个单词？"

"英语作文应该算字母个数才对，有的单词长，有的单词短，不好计算！"

"有道理，那你数数你这篇作文一共写了多少个字母？"

"呀！这么多字母，这要数到什么时候？"

"嗯，还有一个办法，那就是编写一个程序，让计算机帮你数，这样不仅快，而且准确无误！"

"那太好了！"

"程序不仅可以数数，还可以分类，按照大写字母、小写字母、数字、空格等字符进行分类统计。"

大牙 "那还等什么，抓紧写吧！"

**案例 1：** 分类统计字符。

```cpp
#include<iostream>
using namespace std;
int main()
{
    int capital=0,lower=0,digit=0,other=0;
    char ch;
    cin>>ch;
    while(ch!='\n')
    {
        if(ch>='A'&&ch<='Z')
            capital++;
        else if(ch>='a'&& ch<='z')
            lower++;
        else if(ch>='0'&& ch<='9')
            digit++;
        else
            other++;
        cin>>ch;
    }
    cout<<" 大写字母："<<capital<<" 个。"<<endl;
    cout<<" 小写字母："<<lower<<" 个。"<<endl;
    cout<<" 数字字符 "<<digit<<" 个。"<<endl;
    cout<<" 其他字符 "<<other<<" 个。"<<endl;
    return 0;
}
```

大宝 "大牙，这个程序在语法上没有问题，逻辑上应该也没有问题，但就是不能够结束，百思不得其解。"

大牙 "我来看看，是的，我也没发现问题。那怎么办呢？对了，我们一起去找丁丁老师，看看她怎么解决。"

丁丁老师 "大宝大牙，这个程序的主要问题出在了 cin 上，cin 输入数据时会跳过回车或空格，不进行判断，所以读入的字符中不会出现回车符 '\n'，也就使得 while 循环结束不了。"

大宝 "那该怎么办呢？"

丁丁老师 "当然是替换掉 cin 的输入方式，替换方式有两种：一种是利用 cin.get( ) 输入；另一种是利用 getchar( ) 输入。这两种输入方式都会接受回车符 '\n' 作为字符读入。具体代码是这样的：

方法一：ch=cin.get( )；

方法二：ch=getchar( )；

你们试一试。"

大宝 "真的耶！可以运行了！"

大牙 "丁丁老师，我还有一个问题，这个程序只能统计英文字符。我刚才输入了'中国'，结果就统计出其他字符有 4 个，可明明是 2 个，这是什么原因？"

丁丁老师 "首先要说明一点，字符和编码之间是一一对应的，英文字符数量有限，加上一些控制字符，一共只有 128 个，这样才有了 7 位（2 的 7 次方为 128）编码的 ASCII 码表。而汉字的数量远远大于英文字符的数量，1981 年 5 月 1 日发布的简体中文汉字编码国家标准 GB2312 收录了 7 445 个各类中文图形字符，1995 年 12 月发布的汉字编码国家标准 GBK 字符集对 GB2312 编码进行了扩充，共收录各类汉字字符 21 003 个，现在我们常用的汉字编码就是 GBK 编码。"

大牙 "呀！这么多汉字，那要怎么编码呀？"

丁丁老师 "GBK 编码是用 2 字节进行编码的，我们计算一下就知道了，2 字节一共有 16 位，2 的 16 次方等于 65 536，对 21 003 个字符进行编码绰绰有余。"

大牙 "丁丁老师，我知道了，'中国'是 2 个汉字，但它的编码却是 4 字节，所以就按 4 个其他字符进行统计了。"

丁丁老师 "大牙真聪明！确实是这样。"

大牙 "能不能也统计一下字符串中中文字符有多少个呢？"

"可以呀！那就要弄清楚 GBK 编码中中文字符的编码范围了。GBK 编码范围为从 0x8140 到 0xFEFE，0x 表示这个数是十六进制数。也就是说，用十六进制表示的话，GBK 编码的高字节范围为从 81 到 FE，低字节范围为从 40 到 FE，若不符合，则不是 GBK 中文字符。"

"原理明白了，可是程序怎么写呢？ ASCII 码是 1 字节，GBK 码是 2 字节，也没法判断呀！"

"是不太好判断，可以变通一下，首先判断高字节，如果符合 GBK 编码，则立即判断低字节。"

**案例 2：** 带中文字符的统计程序。

```cpp
#include<iostream>
using namespace std;
int main()
{
    int capital=0,lower=0,digit=0,other=0,chinese=0;
    char ch;
    ch=getchar();
    while(ch!='\n')
    {
        if(ch>='A'&&ch<='Z')
            capital++;
        else if(ch>='a'&& ch<='z')
            lower++;
        else if(ch>='0'&& ch<='9')
            digit++;
        else if((unsigned char)ch>=0x81&&(unsigned char)ch<=0xFE)
        {
            ch=getchar();
            if((unsigned char)ch>=0x40&&(unsigned char)ch<=0xFE)
```

```
            chinese++;
        else
            other=other+2;
    }
    else
        other++;
    ch=getchar();
}
cout<<" 大写字母："<<capital<<" 个。"<<endl;
cout<<" 小写字母："<<lower<<" 个。"<<endl;
cout<<" 数字字符 "<<digit<<" 个。"<<endl;
cout<<" 中文字符 "<<chinese<<" 个。"<<endl;
cout<<" 其他字符 "<<other<<" 个。"<<endl;
return 0;
}
```

## 课后练一练

1. 汉字国标码 (GB 2312-1980) 是一种常用的汉字编码，该编码中，每个汉字用
( ) 字节表示。

    A. 1               B. 2               C. 3               D. 4

2. "大宝，字符统计没有问题了。我也想看看，我这篇文章中有多少个单词，那该怎么办呢？"

"原理差不多呀！你想一想，英语中单词之间是如何分割的？"

"对呀，是用空格。"

"除了空格，还有各种符号，比如逗号、句号、感叹号。"

"对的。"

"下面是统计单词个数的程序，还剩几个空，留给你来写。"

```cpp
#include<iostream>
using namespace std;
int main()
{
    int word=0,length=0;
    char ch;
    ch=cin.get();
    while(ch!='\n')
    {
        if((ch>='A'&&ch<='Z')||(ch>='a'&& ch<='z')||(ch>='0'
        && ch<='9'))
            length++;
        else if((ch==''||ch=='.'||ch==','||ch=='!')&& length
        >=1)
        {
            word++;
             (1)     ;
        }
         (2)     ;
    }
    if(length>=1) word++;
    cout<<" 该段共有 "<<word<<" 个单词。"<<endl;
    return 0;
}
```

3. 凯撒为了防止敌军偷窃情报，自创了凯撒密码。凯撒密码是世界上最早的加密术，对于明文中的每个字母，凯撒会用它后面的第 t 个字母代替。例如，当 t=2 时，字母 A 将变成 C，字母 B 将变成 D，以此类推，字母 Y 将变成 A，字母 Z 将变成 B（假设字母表是循环的）。

这样一来，字母表 A B C D E F G H I J K L M N O P Q R S T U V W X Y Z

将变成 C D E F G H I J K L M N O P Q R S T U V W X Y Z A B

凯撒密码盘

明文 I Need Soldiers 将加密为

密文 K Pggf Uqnfkgtu

如此一来，需要传达的信息在外人看来就如同天书了。

如果明文较长，加密的工作量还是很大的，现在有了计算机的帮助，这个工作就会轻松很多。在已知 t=2 的情况下，输入一段明文，请你编程输出密文。

输入 / 输出示例：

输入：

```
abcdefxyz
```

输出：

```
cdefghzab
```

# 演 讲 比 赛

学校要举办一次演讲比赛，邀请了 10 位老师为选手打分，每位老师的打分为 1~10 分，为了去掉可能存在的偏差，选手最后得分的评分方法为：去掉一个最高分和一个最低分，然后取另外 8 位老师的平均分。

 六牙 "大宝，这次演讲比赛，我们刚好可以大展拳脚。"

 大宝 "怎么大展拳脚？"

 六牙 "我们可以用程序做一个评分系统，到时候大家都会对我们刮目相看的。"

 大宝 "好主意，咱们现在就开始吧。"

**案例 1：** 演讲比赛评分系统。

```cpp
#include<iostream>
using namespace std;
int main()
{
```

```
int score,high,low,sum=0;
float avg;
high=0;
low=10;
int number=10;
while(number--)
{
    cin>>score;
    if(score>high) high=score;
    if(score<low) low=score;
    sum+=score;
}
avg=(sum-high-low)/8.0;
cout<<avg;
return 0;
}
```

 "系统做好了，咱们也要找个人来测试测试呀！"

 "最好找老师，他们用这个系统评分，测试会更加准确。"

 "对的，那就去找丁丁老师。"

 "大宝大牙，你们做的这个程序挺不错的，基本功能都完成了。非要找问题的话，有这么几个：

1. 整个系统没有提示，不像一个完整的系统；最好提示分数是哪个评委打的，每位同学的最后得分是多少；

2. 系统只能给一个同学打分，应该增加为其他同学打分的操作；

3. 分数输入没有判错，也就是当用户输入错误数据时，应该提示用户重新输入；

4. 系统的适应性不太好，目前是 10 个评委，如果评委人数改变了，修改系统比较麻烦。

以上问题，就是我的测试结果。"

大宝和大牙目瞪口呆。

 "丁丁老师，你说的这些问题究竟该怎么改呀？"

丁丁老师 "这样吧，我把上面的问题解决一下，你们可以对照学习。"

**案例 2:** 演讲比赛评分系统 2.0。

```cpp
#include<iostream>
using namespace std;
int main()
{
    const int TNUM=10;
    int score,high=0,low=10,sum=0;
    int sid=1,tid=1;
    float avg;
    int number=TNUM;
    cout<<" 演讲比赛评分系统 "<<endl;
    cout<<" 请连续输入 "<<TNUM<<" 个评委的打分，分数范围为 0~10 分。"
<<endl;
    cout<<" 输入错误后可以重新输入，输入 -1 表示退出系统。"<<endl;
    while(1)
    {
        if(number!=0)
        {
            cout<<tid<<" 号评委的打分："";
            cin>>score;
            if(score==-1)break;
            if(score>10||score<0)
            {
                cout<<" 数据错误！请重新输入。"<<endl;
                continue;
            }
            if(score>high) high=score;
            if(score<low) low=score;
            sum+=score;
            number--;
            tid++;
        }
```

```
        else
        {
            avg=1.0*(sum-high-low)/(TNUM-2);
            cout<<sid++<<" 号同学的最终成绩是 :"<<avg<<endl;
            number=TNUM;
            sum=0;
            tid=1;
        }
    }
    return 0;
}
```

"这个程序的 4 处改进如下：

1. 利用 cout 语句增加了各类提示；

2. 利用一个无限循环和 if 语句实现了多位同学的评分输入，直到用户输入 -1 时退出系统；

3. 通过一个 if 语句和 continue 语句实现了容错功能；

4. 定义一个常量 TNUM 作为评委个数，实现了程序的适应性。"

"老师，你修改后的程序真是太好了。我有一个问题，那就是为什么增加了一个常量 TNUM 就实现了程序的兼容性呢？"

"如果评委临时有事，变成了 9 个人，你的程序需要修改的地方就有好几处，而定义好常量 TNUM 之后，只需要将常量 TNUM 的值修改成 9 就行了。"

"哦，那我明白了！"

## 课后练一练

1. 对以下程序段的描述中正确的是（      ）。

```
int x=-1;
do{
```

```
    x=x*x;
}while(!x);
```

    A. 死循环        B. 循环执行两次    C. 循环执行一次    D. 有语法错误

2. 对于数学运算，定义 n!=1×2×…×n，如 4!=1×2×3×4。那么，求 1!+2!+3!+…+n! 的程序代码如下，请你完善以下程序。

```cpp
#include<iostream>
using namespace std;
int main()
{
    int n,i,sn=1;
    double sum=0;
    cin>>n;
    i=1;
    while(i<=n)
    {
        sn=___(1)___;
        sum=sum+sn;
        ___(2)___;
    }
    cout<<"sum="<<sum;
    return 0;
}
```

3. 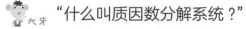"模仿丁丁老师写的演讲比赛评分系统，我也写了一个质因数分解系统。"

"什么叫质因数分解系统？"

"就是把一个大于 1 的整数分解成质因数相乘的形式，比如 90=2×3×3×5。"

"哦，这不就是一个简单的因式分解吗，那你这个怎么叫系统呢？"

"这个系统中不仅有提示语句，还有输入纠错功能，所以叫系统。"

"哦，那赶快发出来看看吧！"

 "哈哈，想得美！你也要参与参与劳动，我留了 2 个空给你。"

```cpp
#include<iostream>
using namespace std;
int main()
{
    int n,i;
    cout<<" 质因式分解系统 "<<endl;
    cout<<" 请输入一个大于 1 的整数，系统会自动把它分解成质因数相乘的形
    式。"<<endl;
    do{
        cin>>n;
    }while(__(1)__);    // 系统纠错功能，要求用户必须输入大于 1 的整数 n
    cout<<n<<"=";
    i=2;
    while(n!=i)
    {
        if(n%i==0)
        {
            cout<<i<<"*";
            __(2)__;
        }
        else
            i++;
    }
    cout<<i<<endl;
    return 0;
}
```

# 第5单元

# 多重循环

四季更迭，周而复始，年年岁岁，万物更替。哪位同学知道这句话的含义？

丁丁老师 "'四季更迭，周而复始，年年岁岁，万物更替。'哪位同学知道这句话的含义？"

大宝 "我知道，这句话是说一年中四季重复往返，造成了世界万物也跟着更替变化，它描述的是时间的重复。"

丁丁老师 "大宝同学说的真好！岁月变换、时光流逝其实还揭示了另一个道理，那就是关于时间的多重循环。"

时间流逝……

　　一个甲子（60 年）

　　　　一年开始

　　　　　　春

　　　　　　　夏

　　　　　　　　秋

　　　　　　　　　冬

　　　　一年开始

　　　　　　春

　　　　　　　夏

　　　　　　　　秋

　　　　　　　　　冬

　　　　　　　　　　……

　　一个甲子（60 年）

　　　　一年开始

　　　　　　春

　　　　　　　夏

　　　　　　　　秋

　　　　　　　　　冬

　　　　一年开始

　　　　　　春

　　　　　　　夏

　　　　　　　　秋

　　　　　　　　　冬

　　　　　　　　　　……

　　　　　　……

# 第25课 倒 计 时

"大宝，马上就要过新年了，我想做一个新年的倒计时程序，可是总觉得自己写的程序不够完美。"

"哦？那你把写的程序发出来看看。"

**案例 1：**　　新年 60 秒倒计时。

```cpp
#include<iostream>
using namespace std;
int main()
{
    for(int i=59;i>=0;i--)
        cout<<i<<endl;
    return 0;
}
```

"大宝，本来是想着 60 秒倒计时的，可是一下子全打印出来了，没法停顿。"

"大牙，你的思路是没有问题的，问题出在显示上，不能直接显示数字，而是要每次显示之后停顿 1 秒。"

"对的，该怎么办呢？"

"这个可以调用系统函数 Sleep( )，让程序暂停一会儿。"

"Sleep？哈哈，不就是睡觉的意思吗？"

"是的，就是让程序先睡会，然后再起来工作。"

**案例 2：** 新年 60 秒倒计时增强版 1.0。

```cpp
#include<iostream>
#include<windows.h>
using namespace std;
int main()
{
    for(int i=59;i>=0;i--)
    {
        cout<<i<<endl;
        Sleep(1000);      // 这里的 1000 单位是毫秒 ,1000 毫秒就是 1 秒
    }
    return 0;
}
```

大牙 "好耶！真的实现暂停了！就是感觉不太像倒计时时钟。"

大宝 "我知道你的意思了，就是实现类似于电子表一样的时钟倒计时功能吧！没问题，只要在每次显示数字时，把以前的数字清除就行了。C++ 中有一个 system 函数，可以通过它调用很多系统功能，比如清屏、冻结屏幕、关机等。"

**案例 3：** 新年 60 秒倒计时增强版 2.0。

```cpp
#include<iostream>
#include<windows.h>
#include<cstdlib>
using namespace std;
int main()
{
    for(int i=59;i>=0;i--)
    {
        cout<<i<<endl;
        Sleep(1000);
        system("cls");               //cls 是 clear screen 的缩写
    }
    return 0;
}
```

大牙 "这个程序真是太棒了！嗯，其实还可以进一步优化。如果加上分钟，就更像时钟倒计时了。我们可以实现一个 5 分钟倒计时程序。"

大宝 "5 分钟倒计时？又要考虑分钟，还要考虑秒，这用循环该怎么做？"

大牙 "那我们去找丁丁老师吧！"

丁丁老师 "刚才大宝思考的没错！你们原来的程序只考虑了秒，现在把分钟也考虑进去就可以了。把 60 秒循环显示看成一句程序的话，加上分钟，再把 60 秒循环显示循环 5 次就行了，这个叫作嵌套循环。"

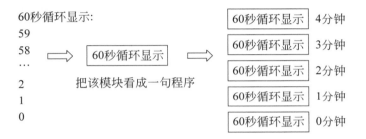

丁丁老师 "看看下面的程序，我们定义了两个变量 i 和 j，i 代表秒，j 代表分钟。每次执行，都是内循环执行完毕后，再执行外循环。"

**案例 4：** 新年 5 分钟倒计时。

```cpp
#include<iostream>
#include<cstdlib>
#include<windows.h>
using namespace std;
int main()
{
    int i,j;
    for(j=4;j>=0;j--)
        for(i=59;i>=0;i--)        // 秒的模块开始
        {
            cout<<j<<":"<<i<<endl;
            Sleep(1000);
            system("cls");
        }                         // 秒的模块结束
```

```
        return 0;
}
```

"哦，清楚了！丁丁老师，5 分钟倒计时程序运行起来了。"

"大牙，程序很好吧！有没有不足的地方？"

"哈哈，我就会发现问题，要说不足，还是有的，那就是当秒数小于 9 时，显示的是一位数，要是能够在前面加一个 0，显示成两位数，就和电子表一模一样了。"

"这个问题可以利用 C++ 的格式输出实现。还记得以前学过的 setprecision( ) 函数吗？"

"记得，就是控制小数点输出位数的那个函数。"

"对的，这里还用到了两个函数：一个是 setw(int n)，用来控制输出间隔，默认填充的内容为空格，但如果想用其他字符填充，比如说想把 '9' 用 '09' 填充，就要用到另一个函数 setfill(char ch) 了。只需要把上面的输出语句换成下面的输出语句就可以了。"

```
cout<<j<<":"<<setfill('0')<<setw(2)<<i<<endl;
```

"还要提醒一下，使用 setw 和 setfill 时需要在程序开头加上 #include <iomanip>，这一点可千万别忘了，否则程序无法使用哦。"

## 课后练一练

程序变量跟踪表

1. 对于下面的循环，程序执行完毕后，其输出结果是（     ）。

| i | j | t |
|---|---|---|
|   |   |   |

```
int t=1;
for(int i=1;i<=10;i++)
    for(int j=1;j<=10;j++)
        t++;
cout<<t;
```

A. 1　　　　　　B. 10　　　　　　C. 100　　　　　　D. 101

2. 木木听说了倒计时程序后认为，倒计时程序也可以不用双重循环来做，他写了一个程序，但为了让别人找他请教，他故意没有写全，你能帮他补充完整吗？

```cpp
#include<iostream>
#include<cstdlib>
#include<windows.h>
#include<iomanip>
using namespace std;
int main()
{
    int i,j,t;
    t=5*60-1;
    for(i=t;i>=0;i--)   // 秒的模块开始
    {
        int minute=___(1)___;
        int second=___(2)___;
        cout<<minute<<":"<<setfill('0')<<setw(2)<<second<<endl;
        Sleep(1000);
        system("cls");
    }                           // 秒的模块结束
    return 0;
}
```

3. "丁丁老师，按照您的思路，程序还可以进一步扩展，把前面的分钟和秒看成一条语句，再增加一个变量（小时），就可以实现完整的时钟倒计时程序了。"

"大牙的思维真是太活跃了，不错，确实是这样的，不过这就要用到三重循环了。这个问题就留给你，看看你能否触类旁通。"

请你帮助大牙完成完整的 2 小时时钟倒计时程序。

# 第26课　　几何图形

数学课下课后，数学老师为了让大家掌握各种几何图形的边长、高和面积之间的关系，布置了一道实践动手题：请同学们回家利用花生粒、米粒、豆粒等摆出正方形、长方形、菱形和三角形，并记录各种形状的边长、高以及面积（1 粒按 1 个单位面积计算）。

"大宝，你说数学老师布置的这个题目怎么样？"

"很好呀！我最喜欢摆东西了！"

"呀！可我就是不喜欢，我总想着这些花生、豆子摆过后还能吃吗？食物是不能玩的。"

"原来你是这样想的。那也有办法，可以去拣点石块摆一摆。"

"石块？太脏了！"

"你的要求还不少呢！那就用计算机吧！"

"计算机？我只有一台计算机。"

"哈哈！一台就够了，不是让你把计算机当成花生、豆子来摆，而是编一个程序来模拟这些东西的摆放。"

"这也可以啊？"

**案例 1：**　　模拟长方形。

```
#include<iostream>
using namespace std;
int main()
{
    int i,j;
```

```
    int a,b,s=0;
    cin>>a>>b;
    for(i=1;i<=a;i++)
    {
        for(j=1;j<=b;j++)
        {
            cout<<"*";
            s++;
        }
        cout<<endl;
    }
    cout<<" 长 : "<<a<<" 宽 : "<<b<<" 面积 : "<<s<<endl;
    return 0;
}
```

　　"这个程序是双重循环，外层循环控制长方形的长，用 i 表示；内部 for 循环控制每行输出的星号的个数，也就是长方形的宽，用 j 表示，外层每执行一次，内层执行 j 次。s 用来统计一共输出了多少个星号。这样不就可以模拟老师的作业了吗？"

　　"好厉害！比自己摆豆子快多了！"

　　"是的，计算机模拟又称为计算机仿真，这是计算机的一个重要应用方向。"

　　"那我也仿真一个，我来写一个直角三角形吧！"

　　"好的，直角三角形不是很困难，思路和长方形差不多，只是在内循环输出星号时不是固定的数目，每行输出的星号的数目要和行号一致。"

**案例 2：** 模拟直角三角形。

```
#include<iostream>
using namespace std;
int main()
}
{
    int i,j;
    int h,s=0;
    cin>>h;
```

```
        for(i=1;i<=h;i++)
        {
            for(j=1;j<=i;j++)
            {
                cout<<"*";
                s++;
            }
            cout<<endl;
        }
        cout<<" 底："<<h<<" 高："<<h<<" 面积："<<s<<endl;
        return 0;
    }
```

"这个直角三角形的面积计算出来后好像和公式不一样。我输入的底和高都是 6，计算出来的面积应该等于 18 才对，它怎么输出 21 呀？"

"那你要分析一下呢！两个这样的直角三角形合并在一起是什么情况？虽然看上去底和高都是 6，但是合并在一起，你会发现其实是底为 7、高为 6 的长方形。要想把底和高都为 6 的正方形分成两部分，利用星号不好分割。"

"哦，那我明白了。"

```
*              ~       * ~ ~ ~ ~ ~ ~        ~ ~ ~ ~ ~ ~
* *            ~ ~     * * ~ ~ ~ ~ ~        * ~ ~ ~ ~ ~
* * *          ~ ~ ~   * * * ~ ~ ~ ~        * * ~ ~ ~ ~
* * * *    +   ~ ~ ~ ~  =  * * * * ~ ~ ~  =  * * * ~ ~ ~
* * * * *      ~ ~ ~ ~ ~   * * * * * ~ ~     * * * * ~ ~
* * * * * *    ~ ~ ~ ~ ~ ~ * * * * * * ~     * * * * * ~
```

"那平行四边形怎么打印呀？能不能直接打印星号啊？"

"大牙，平行四边形的打印可以看成两部分。可以先打印空格，因为空格看不到，这里就用波浪号代替，然后再打印星号，其实就是把我们上面的两个程序合并在一起了。"

```
~ * * * * * *            ~              * * * * * *
~ ~ * * * * * *          ~ ~            * * * * * *
~ ~ ~ * * * * * *        ~ ~ ~          * * * * * *
~ ~ ~ ~ * * * * * *  =   ~ ~ ~ ~    +   * * * * * *
~ ~ ~ ~ ~ * * * * * *    ~ ~ ~ ~ ~      * * * * * *
~ ~ ~ ~ ~ ~ * * * * * *  ~ ~ ~ ~ ~ ~    * * * * * *
```

案例3:    模拟平行四边形。

```
#include<iostream>
using namespace std;
int main()
{
    int i,j,k;
    int a,h,s=0;
    cin>>a>>h;
    for(i=1;i<=h;i++)
    {
        for(k=1;k<=i;k++)
            cout<<" ";
        for(j=1;j<=a;j++)
        {
            cout<<"*";
            s++;
        }
        cout<<endl;
    }
    cout<<"底:"<<a<<"高:"<<h<<"面积:"<<s<<endl;
    return 0;
}
```

## 课后练一练

1. 下面的应用中，属于计算机仿真技术的是（      ）。

   A. 银行储蓄系统                    B. 人形机器人

   C. 绘图软件                        D. 火星登陆模拟系统

2. "太好啦，平行四边形也打印出来了。让我想想再打印点什么好玩的图形。"

   "要想打印的话，好玩的图形可多了。"

   "快点说说，还有哪些？"

   "下面就打印一个等腰三角形出来，原理和平行四边形类似，剩下的工作就交给你了。"

注：输入 n=4，则打印效果如下。

```
    *
   ***
  *****
 *******
#include<iostream>
using namespace std;
int main()
{
    int i,j,k,n;
    cin>>n;
    for(i=1;i<=n;i++)
    {
        for(j=1;____(1)____;j++)
            cout<<" ";
        for(k=1;____(2)____;k++)
            cout<<"*";
        cout<<endl;
    }
    return 0;
}
```

3.　大牙 "我把等腰三角形打印出来了，好开心呀！"

　　大宝 "大牙，厉害！"

　　大牙 "嗯，我们也给学习编程的小朋友留一道题吧！看看大家能否打印出倒立的等腰三角形，比如输入 4，就输出下面的图形，大家快来参与吧！"

```
*******
 *****
  ***
   *
```

# 勾 股 定 理

　　已知一个直角三角形的周长，在保证三角形的三条边都是整数的情况下，存在多少个这个周长的直角三角形呢？比如：一个直角三角形的周长是 120，那么它的三边可以是 20、48、52，或者 24、45、51，或者 30、40、50，有 3 种不同的解。

　　"大宝，我今天看了这道题，觉得不是很困难，就自己写了一个程序来计算，可是有个问题没法解决。"

　　"哦，大牙，你是怎么做的？"

　　"一看这个程序，我就想到了用双重循环遍历两条直角边，然后用勾股定理来判断它是否是直角三角形。"

　　"什么是勾股定理呀？"

　　"勾股定理就是直角三角形的三边关系式，两个直角边边长的平方加起来等于斜边边长的平方。如果设直角三角形的两条直角边的长度分别是 a 和 b，斜边的长度是 c，那么可以用数学语言表达为

$$a^2+b^2=c^2$$

通过这个式子，只要知道三角形的任意两条边的长度，就可以计算出第三条边的长度。"

　　"哦，那为什么叫勾股定理呀？"

　　"在中国古代，人们称直角边中较小者为勾，另一长直角边为股，斜边为弦，所以称这个定理为勾股定理。最常见的就是'勾三股四弦五'，也就是 $3^2+4^2=5^2$ 这样的直角三角形。"

　　"那我知道了，把你的程序发给我看一下吧！"

**案例 1:** 勾股定理。

```cpp
#include<iostream>
using namespace std;
int main()
{
    int a,b,c,p;
    cin>>p;          //周长
    for(a=1;a<p;a++)
    {
        for(b=1;b<p;b++)
        {
            c=p-a-b;
            if(a*a+b*b==c*c)
            {
                cout<<a<<" "<<b<<" "<<c<<endl;
            }
        }
    }
    return 0;
}
```

"这个程序如果输入 120，本应该输出 3 个正确结果，可我的程序却输出了 6 个结果，你看，这个怎么办？"

```
20 48 52
24 45 51
30 40 50
40 30 50
45 24 51
48 20 52
```

"大牙，你认真看一下，有一半结果是重复的。"

"我也看出来了，可是怎么改呢？"

大宝　"让我们一起去问问丁丁老师吧！"

丁丁老师　"大宝大牙，要解决重复的问题，只要保证循环的两个变量升序或者降序排列就行了。也就是说，现在你输出的变量 a 和 b，一半是 a 大于 b 的，另一半是 a 小于 b 的，只取其中一半就行了。"

大牙　"哦，是这样呀！那怎么实现呢？"

丁丁老师　"实现不复杂，以保证 b 大于 a 为例，让 b 循环时直接从 a 开始就行了，这样就肯定能保证 b 大于 a 了。"

大牙　"厉害！"

丁丁老师　"这个程序最厉害的地方还不是这个，我们可以通过数学方法对程序进行优化，提高效率。"

大牙　"怎么提高效率呢？"

丁丁老师　"我们来看看下面的推导。"

$$
\begin{array}{l} a+b+c=p \\ a \le b < c \end{array} \Longrightarrow \begin{array}{l} a+a+a<p \\ a+b+b<p \end{array} \Longrightarrow \begin{array}{l} 3a<p \\ 2b<p \end{array} \Longrightarrow \begin{array}{l} a<p/3 \\ b<p/2 \end{array}
$$

丁丁老师　"从图中可以看出，直角三角形的两个直角边不用循环到 p，a 最多循环到 p/3，b 最多循环到 p/2 就可以了。"

**案例 2：**　三角形三边关系 1。

```cpp
#include<iostream>
using namespace std;
int main()
{
    int a,b,c,p;
    cin>>p;           //周长
    for(a=1;a<p/3;a++)
    {
        for(b=a;b<p/2;b++)
        {
            c=p-a-b;
```

```
            if(a*a+b*b==c*c)
            {
                cout<<a<<" "<<b<<" "<<c<<endl;
            }
        }
    }
    return 0;
}
```

大牙 "哦，我知道了，这样循环的次数就少多了，大概只有原来的 1/2 乘以 1/3，也就是 1/6 了。"

丁丁老师 "嗯，大牙同学算对了，如果再算上 b 变量从 a 开始，这样就又少了一半的数据，这个程序的工作量相当于你写的程序的 1/12。"

大牙 "哇！效率提高了 12 倍，编程真是太有意思了！后面我要好好学习，写出效率更高的程序来。"

丁丁老师 "有志气！那这个程序还要不要进一步提高效率呢？"

大牙 "什么！这个程序还能提高效率？"

丁丁老师 "是的。这次我们再用上勾股定理，然后用数学推导一下三条边之间的关系。"

$$a+b+c=p \implies c=p-a-b \implies \begin{matrix} c^2=p^2+a^2+b^2-2ap-2bp+2ab \\ c^2=a^2+b^2 \end{matrix} \implies b=p-p^2/(2p-2a)$$

丁丁老师 "大牙，加上勾股定理，可以把斜边 c 去掉，这样就由原来的 3 个变量变成了 2 个变量，直接结果就是循环可以少用一个嵌套了。"

大牙 "推导没有问题，但感觉怪怪的，那程序怎么写呀？"

案例3： 三角形三边关系 2。

```
#include<iostream>
#include<cmath>
using namespace std;
```

```
int main()
{
    int a,p;
    cin>>p;          // 周长
    for(a=1;a<p/3;a++)
    {
        double b=p-(double)p*p/(2*p-2*a);
        if(a<b && fabs(b-(int)b)<1e-15)
        {
            cout<<a<<" "<<b<<" "<<p-a-b<<endl;
        }
    }
    return 0;
}
```

丁丁老师 "这里直接枚举变量 a，b 的值可以直接利用 a 计算出来，只要保证 a 小于 b 且 b 是整数就行了。需要说明一下，由于 b 的计算涉及分数运算，所以 b 只能定义成浮点数，而浮点数 b 是否是 0 的判断不能直接利用'=='符号进行，而是取 b 的小数部分，只要小数部分小于一个非常小的数，就认为 b 是 0 了。"

大牙 "真是学无止境呀！丁丁老师，算法真是神奇！我课后要再认真研究研究这个神奇的方法。"

## 课后练一练

1. 用浮点数表示任意一个数据时，可以通过改变浮点数的（    ）部分的大小使小数位置产生移动。

    A. 基数             B. 阶码             C. 尾数             D. 有效数字

2. 丁丁老师 "大牙的这个题目让我想起了另外一个题目——百钱买百鸡，思路差不多。"

大牙 "什么是百钱买百鸡？"

"这是我国古代数学家张丘建在《算经》一书中提出的问题，这个问题是这样的：'鸡翁一，值钱五；鸡母一，值钱三；鸡雏三，值钱一；百钱买百鸡，则翁、母、雏各几何？'通俗地讲，就是公鸡一只 5 块钱，母鸡一只 3 块钱，小鸡三只 1 块钱，现在要用 100 块钱买 100 只鸡，请问公鸡、母鸡和小鸡各买多少只？"

"我明白了。让我想想，公鸡、母鸡和小鸡都为 0~100 只，利用一个三重循环，然后再判断一下就行了。小鸡的话，必须能被 3 整除，所以每次增加 3。"

```cpp
#include<iostream>
using namespace std;
int main()
{
    int a,b,c;
    for(a=0;a<=100;a++)
        for(b=0;b<=100;b++)
            for(c=0;c<=100;c+=3)
                if(a+b+c==100&&5*a+3*b+c/3==100)
                    cout<<" 公鸡 "<<a<<" 母鸡 "<<b<<" 小鸡 "<<c<<endl;
    return 0;
}
```

"大牙的程序没有问题，下面我对你的程序进行优化。

优化一：利用 a+b+c=100 减少一套循环，由于这三个变量只要任意两个确定了，另外一个就确定了，所以另外一个变量就不用循环了。

优化二：缩小遍历范围，先拿公鸡来说，一共 100 块钱，公鸡 5 块钱一只，也就是公鸡最多买 20 只，不用遍历到 100。同样，母鸡最多买 33 只。由于要保证小鸡的数量必须是 3 的倍数，因此这里选择公鸡和小鸡作为遍历变量。"

```cpp
#include<iostream>
using namespace std;
int main()
{
    int a,b,c;
```

```
    for(a=0;a<=20;a++)
        for(c=0;c<=100;c=c+3)
        {
            b=___(1)___;
            if(b>=0 &&_____(2)_____)
                cout<<" 公鸡："<<a<<" 母鸡："<<b<<" 小鸡："<<c<<endl;
        }
    return 0;
}
```

"嗯，这样确实减少了很多无效的循环。"

丁丁老师　"这才把 a+b+c=100 用上了，还有一个 5a+3b+c/3=100 的等式呢！把这个等式也用上，还可以进一步提升效率。"

"哦！怎么提升的？"

丁丁老师　"我们有两个等式，可以消去一个变量。"

$$a+b+c=100 \quad \xrightarrow{\text{消去b}} \quad 3a+3b+3c=300 \quad \xrightarrow{\text{相减}} \quad -a+4c/3=100 \quad \xrightarrow{\text{整理}} \quad a=4c/3-100$$
$$5a+3b+c/3=100 \qquad\qquad 5a+3b+c/3=100$$

丁丁老师　"把 b 消去之后，得到的式子是 a=4c/3-100，为了保证 a≥0，可以计算出 c 的最小值是 75，所以程序的数据范围就更小了。"

```
#include<iostream>
using namespace std;
int main()
{
    int a,b,c;
    for(c=___(3)___;c<=100;c=c+3)
    {
        a=___(4)___;
        b=100-a-c;
        if(b>=0)
            cout<<" 公鸡："<<a<<" 母鸡："<<b<<" 小鸡："<<c<<endl;
```

```
        }
    return 0;
}
```

🐭 大牙 "哇！真是太神奇了！一重循环就结束了！"

👩‍🏫 丁丁老师 "大牙，看到没有，只要不断研究，把算法和数学结合起来，就可以找到更快更好的方法。"

🐭 大牙 "嗯，我知道了，丁丁老师，我后面肯定会认真研究的。"

👩‍🏫 丁丁老师 "那好吧！其实这道题还有更简单的方法，我们可以通过两个等式把变量 c 消去，再通过推理就能直接得到答案。这个方法就留给你来研究了。"

🐭 大牙 "那我要好好研究一下呢！"

# 第28课　歪打正着

　　大宝和大牙班上的木木是个急性子，上学的时候，他经常把老师写在黑板上的题目抄错了。有一次，老师出的题目是

$$36 \times 495 = ?$$

他却抄成了

$$396 \times 45 = ?$$

　　哈哈，他是不是太马虎了？但结果却很有戏剧性，他计算出来的答案竟然是对的！因为 $36 \times 495 = 396 \times 45 = 17\,820$。类似这样的巧合可能还有很多，比如 $27 \times 594 = 297 \times 54$。看来有时候歪打也能正着，于是数学老师就布置了一个题目：在一个 2 位数乘以 3 位数，并且这 5 个数字都互不相等的情况下，像这样 $ab \times cde = adb \times ce$ 的歪打正着的式子一共有多少个？

　　"大牙，今天数学老师出的这个题目你做了没有？"

　　"我做好了！"

大宝 "我也做好了！那我们来讨论讨论，看看谁的方法好？我先来吧！要想得到总个数，肯定要把所有的情况都判断一遍，那么可以利用一个双重循环，外循环遍历 2 位数，内循环遍历 3 位数，然后判断是否满足歪打正着的条件？下面是我的程序，第一个数字 num1 从最小的 2 位数 10 开始遍历，第二个数字 num2 从互不相等的最小 3 位数 102 开始遍历。"

## 案例 1：　　大宝的歪打正着程序。

```
#include<iostream>
using namespace std;
int main()
{
    int a,b,c,d,e,num1,num2,n;
    n=0;
    for(num1=10;num1<=98;num1++)
    {
        a=num1/10;
        b=num1%10;
        if(a==b) continue;
        for(num2=102;num2<987;num2++)
        {
            c=num2/100;
            d=num2/10%10;
            e=num2%10;
            if(a==c||a==d||a==e||b==c||b==d||b==e||c==d||c==
            e||d==e)
                continue;
            else
            {
                if((10*a+b)*(100*c+10*d+e)==(100*a+10*d+b)*(10
                *c+e))
                    n++;
            }
        }
    }
```

```
        cout<<n<<endl;
        return 0;
    }
```

大牙 "我的程序和你的程序有相同的地方，也有很多不同的地方，我用了一个超级五循环，你看看我的程序。"

**案例2:**    **大牙的歪打正着程序。**

```
#include<iostream>
using namespace std;
int main()
{
    int a,b,c,d,e,n;
    n=0;
    for(a=1;a<10;a++)
        for(b=0;b<10;b++)
            for(c=1;c<10;c++)
                for(d=0;d<10;d++)
                    for(e=0;e<10;e++)
                    {
                        if(a!=b&&a!=c&&a!=d&&a!=e&&b!=c&&b!
                        =d&&b!=e&&c!=d&&c!=e&&d!=e&&(10*a+b)
                        *(100*c+10*d+e)==(100*a+10*d+b)*(10*c
                        +e))
                            n++;
                    }
    cout<<n<<endl;
    return 0;
}
```

大宝 "大牙，你用了五套循环，我用了两套循环，肯定我的程序效率高！"

大牙 "哈哈，大宝，想想也不对，你看你的程序那么长，比我的长多了，肯定我的程序效率高！"

大宝 "我的程序虽然长，但我用了 continue 语句，很多情况都不用判断了，所以肯定我的程序效率高。"

大牙 "你的数字都要拆分，我的数字不用拆分，肯定我的程序效率高。"

大宝和大牙相持不下，最后一致同意找丁丁老师来判断。

丁丁老师 "大宝大牙，你们这次表现得都很好，会用一些编程技巧来提升自己程序的效率。大宝的程序利用了 continue 语句，不仅可以及时中断数字相等的情况，还增加了程序的可读性；大牙的程序利用了五套循环，虽然嵌套层数多，但是循环次数没有增加，避免了数字的拆分，所以能够有效提高效率。如果能够把两位同学的优点综合起来，那这就是一个完美的程序了。下面就是完美的程序代码，你们比较一下。"

**案例 3：** 丁丁老师的歪打正着程序。

```cpp
#include<iostream>
using namespace std;
int main()
{
    int a,b,c,d,e,n;
    n=0;
    for(a=1;a<10;a++)
        for(b=0;b<10;b++)
        {
            if(a==b)continue;
            for(c=1;c<10;c++)
            {
                if(a==c||b==c)continue;
                for(d=0;d<10;d++)
                {
                    if(a==d||b==d||c==d)continue;
                    for(e=0;e<10;e++)
                    {
                        if(a==e||b==e||c==e||d==e)continue;
if((10*a+b)*(100*c+10*d+e)==(100*a+10*d+b)*(10*c+e))
```

```
                            n++;
                        }
                    }
                }
            }
    cout<<n<<endl;
    return 0;
}
```

 "以后我们兄弟俩要相互取长补短，才能发挥出最大的能量！"

 "是我不够谦虚了，以后我要多向大宝学习！嘿嘿！"

## 课后练一练

1. 阅读题目选答案。

```
int n=0;
for(int a=1;a<10;a++)
    for(int b=0;b<10;b++)
    {
        if(a==b)continue;
        n++;
    }
cout<<n;
```

程序变量跟踪表

| a | b | n |
| --- | --- | --- |
| | | |

这个程序执行完成之后，输出的 n 值为（　　　）。

　A.100　　　　　　B.90　　　　　　C.81　　　　　　D.80

2. 班级将举办一场乒乓球比赛，一共两个队，每队三人，如果甲队为 a、b、c 三人，乙队则为 x、y、z 三人，根据抽签决定比赛名单。抽签过后，大牙想知道这些同学之间谁和谁对垒比赛：问 a，a 说他不和 x 比；问 c，c 说他不和 x、z 比。根据这两条信息，请你编写一个程序，帮助大牙确定比赛的对阵。

```cpp
#include<iostream>
using namespace std;
int main()
{
    char a_pk,b_pk,c_pk;
    //a_pk是a的对手,b_pk是b的对手,c_pk是c的对手
    for(a_pk='x';a_pk<='z';a_pk++)
        for(b_pk='x';b_pk<='z';b_pk++)
        {
            if(___(1)___)continue;
            for(c_pk='x';c_pk<='z';c_pk++)
            {
                if(a_pk==c_pk||b_pk==c_pk)continue;
                if(_____(2)_____)
                    cout<<"a对战 "<<a_pk<<",b对战 "<<b_pk<<",
                    c对战 "<<c_pk<<endl;
            }
        }
    return 0;
}
```

3. 在下面的加法算式中，不同的符号代表不同的数字，相同的符号代表相同的数字，现在只知道算式结果的最后一位数字是 9。请你设计程序，求出 ABCD 分别代表什么数字。

```
  B A C
+A B C D
-------
 B C D 9
```

# 动　画

 丁丁老师　"大宝大牙，你们喜欢看动画片吗？"

大牙　"当然喜欢了！"

丁丁老师　"你们知道动画片是怎么做出来的吗？"

大宝　"当然知道，是工厂做出来的。"

大牙　"不对不对，是动画公司做出来的。"

丁丁老师　"哈哈，对也不对。"

大牙　"什么叫对也不对？"

丁丁老师　"对是指动画公司确实制作动画片，不对是指只要掌握了动画的原理，谁都能制作动画片，我们也能制作动画片。"

大宝 和 大牙 都惊掉了下巴，异口同声地说："什么？我们自己制作？"

丁丁老师　"对呀！我们学习 C++ 这么长时间了，利用 C++ 就可以编写动画。动画

采用的基本原理是视觉暂留原理，掌握了这个原理，就可以编写计算机动画了。"

大宝 "什么是视觉暂留原理？"

丁丁老师 "通俗地讲，就是我们看到的东西不会立刻从大脑中消失，影像会有一个短暂的停留。你可以做个实验，盯住某个物体看，然后突然闭上眼睛，这时候，你刚才看到的物体还会出现在你的大脑中，不会立即消失。"

大宝 "哦，那动画片是怎么利用这个原理的？"

丁丁老师 "动画片其实就是让观众看到一张张图片，这些图片具有一定的相关性，然后观众利用大脑的视觉暂留现象，把这些离散的图片合成为一部连续的动画。把下面这些图片连续播放，就是小鸟飞翔的动画了。"

大牙 "丁丁老师，那我们要做什么动画呀？我都等不及了。"

丁丁老师 "不要着急呀！大牙，今天我们做一个种豆子的动画。在开始之前，我们要先弄明白这个动画的原理。一个大豆子在前面播种，播种出一排排小豆子，原理就像这样。"

| ● | . | .. | ... | . | ... | ............... | ............... |
|---|---|----|-----|---|-----|----------------|----------------|
| 1 | 2 | 3 | 4 | 5 | ... | 第2行1 | 第2行2 |

大牙 "哦，那我明白了！可以开始了吗？"

丁丁老师 "好的，大牙已经迫不及待了！"

**案例 1：** 种豆子动画。

```cpp
#include<iostream>
#include<windows.h>
using namespace std;
int main()
{
    int i,j,n,x=0,y=0;
    int velocity_x=1;
```

```cpp
    while (y<5)                //y 控制行号，一共输出 5 行豆子
    {
        x = x + velocity_x;
        system("cls");    //  清屏函数
        //  输出大豆子前的整行，也就是先播种 y 行豆子，
        //y=0 表示从第一行开始播种
        for(j=0;j<y;j++)
        {
                                //  每行有 30 个豆子
            for(i=0;i<30;i++)
                cout<<".";
            cout<<endl;
        }
        //x 控制当前行中的豆子位置
        for(i=0;i<x;i++)
            cout<<".";
        cout<<"•";
        Sleep(50);            //  等待若干毫秒
        //  如果播种的豆子数大于或等于 30 时，
        //  需增加 1 行，从下一行开始播种
        if(x>=30)
        {
            x=0;
            y++;
        }
    }
    return 0;
}
```

"这个动画动起来了，好好玩呀！"

丁丁老师 "学的越多，做出来的东西就越好玩哦。"

大牙 "那我要多学点东西呢！"

丁丁老师 "既然大牙这么肯学，那我就再教你一个乒乓球动画。"

大牙　"好呀！"

丁丁老师　"乒乓球动画需要一个场景，乒乓球在这个场景里面自由弹跳。"

(0, 0)

乒乓球台面

从 (0, 5) 点出发，沿 (1, 1) 方向发球。碰到边缘反弹。

(10, 20)

**案例 2：**　乒乓球动画。

```cpp
#include<iostream>
#include<windows.h>
using namespace std;
int main()
{
    int i,j;
    int x = 0;
    int y = 5;

    int velocity_x = 1;
    int velocity_y = 1;
    int left = 0;
    int right = 20;
    int top = 0;
    int bottom = 10;

    while (1)
    {
        x = x + velocity_x;
        y = y + velocity_y;

        system("cls");                // 清屏函数
        // 输出乒乓球前的空行
        for(i=0;i<x;i++)
```

```
        cout<<endl;
    for(j=0;j<y;j++)
        cout<<" ";
    cout<<"•";
    Sleep(50);                          // 等待若干毫秒

    if((x==top)||(x==bottom))
        velocity_x = -velocity_x;
    if((y==left)||(y==right))
        velocity_y = -velocity_y;
    }
    return 0;
}
```

✏️ 课后练一练

1. 制作计算机动画的基本原理是（　　　　）。

   A. 视觉暂留　　　　　B. 字符移动　　　　　C. 快速计算　　　　　D. 动画编程

2. 🐹 大牙 "今天的动画真好玩，丁丁老师，C++ 还有没有其他实现动画的方式呢？"

   👨‍🏫 丁丁老师 "动画的原理都是一样的，如果要问其他实现方式，只是所用的编程语句不同而已，下面是一个星号奔跑的动画，通过 setw( ) 格式控制来实现，你来琢磨琢磨这个动画实现的方法。这个动画是一个星号首先在第一行从左跑到右，跑到头（设定的长度为 30）后，向下拐弯进入第二行，然后再从右跑到左，跑到头后再进入第三行，继续从左跑到右，一直反复。"

```
#include<iostream>
#include<cstdlib>
#include<iomanip>
#include<windows.h>
using namespace std;
int main()
```

```
{
    int n=0,col=1;
    char c='*';
    while(1)
    {
        system("cls");
        for(int i=0;i<n;i++)
            cout<<endl;
        cout<<setw(col)<<c;
        if(n%2==0)
            col++;
        else
            col--;
        if(col>=30||col<=0)
            n++;
        Sleep(100);
    }
    cout<<endl;
    return 0;
}
```

问题1：动画采用___（1）___方式进行位置变化。

问题2：动画采用___（2）___方式实现左右交替移动。

3. 大牙 "哈哈，丁丁老师，这个程序太好玩了！"

丁丁老师 "很多人都喜欢会动的东西，所以喜欢动画和游戏的人很多。"

大牙 "哦，我属于很多人之一呀！但我不仅是喜欢，我还要自己编写。"

丁丁老师 "有志气。那老师给你出一个题目，看你能不能实现。还是刚才的动画，一开始是星号从左到右移动，现在请你把它改成星号一开始从上到下移动，移动10行后，再从下往上移动，碰到边界后，再从上到下移动，一直循环。"

大牙 "哦，这个应该简单，我来试试。"

丁丁老师 "没有做出来之前，千万不要眼高手低哦！"

# 定时关机

最近一段时间，班上的星星同学沉迷一款叫作《王三争王》的游戏，他不仅自己玩，还经常拉上其他同学一块玩。大宝和大牙劝阻几次无果后，准备向丁丁老师求助。

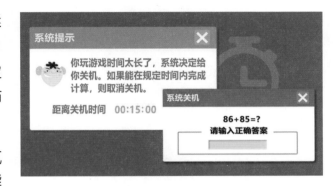

"丁丁老师，星星玩游戏玩疯了！我和大牙劝过他几次，都没用！你能不能去管管他呀！"

"好的，谢谢你们能够向老师如实反映情况。不过戒掉游戏上瘾可不是一件容易的事呀！"

"是的，我之前和他说起这件事的时候，他还答应我以后会少玩游戏，把功课补一补呢，可是交流几次之后，他现在都不理睬我了。"

"这样的同学，我们应该对他采取一些特殊措施！"
大宝和大牙异口同声地问："什么特殊措施？"

"我们编写一个程序，让他每次运行游戏时运行的不是游戏，而是我们编写的程序。这样他就会好好研究研究计算机编程了。"

"那编写什么程序好呢？"

"让我来想想，星星的数学不是要补习吗，就让星星在运行这个程序后，不是运行游戏，而是让他做数学计算题，怎么样？"

"好的，星星的数学是要补一补了。"

丁丁老师 "下面我们编写一个程序，让计算机自动生成加、减、乘、除的数学运算，让星星答对 10 道题才能退出。"

**案例 1：** 计算机自动出题。

```cpp
#include<iostream>
#include<cstdlib>
#include<ctime>
using namespace std;
int main()
{
    int num1,num2;        // 两个操作数
    int op;               // 操作符,1、2、3、4分别代表加、减、乘、除
    int result;           // 计算的正确结果
    int num;              // 用户输入的计算结果
    int right=0;          // 计算出的正确题目数
    srand(time(0));
    while(right<10)
    {
        int num1=rand()%100+1;
        int num2=rand()%100+1;
        int op=rand()%4+1;
        cout<<num1;
        switch(op)
        {
            case 1:cout<<"+";result=num1+num2;break;
            case 2:cout<<"-";result=num1-num2;break;
            case 3:cout<<"*";result=num1*num2;break;
            case 4:cout<<"/";result=num1/num2;break;
        }
        cout<<num2<<"=";
        cin>>num;
        if(num==result)
        {
            cout<<" 计算正确，请继续下一题。"<<endl;
```

```
            right++;
            cout<<" 你已经做对了 "<<right<<" 题。"<<endl;
        }
        else
        {
            cout<<" 计算错误，加油！"<<endl;
        }
    }
    cout<<" 恭喜过关！"<<endl;
    return 0;
}
```

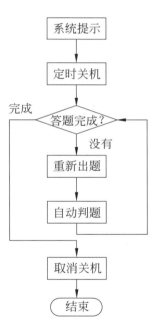

系统提示

定时关机

完成

答题完成？

没有

重新出题

自动判题

取消关机

结束

"这个程序好是好，可是星星肯定不会做题目的。"

"对的，一看不是游戏，肯定会关闭的。"

"嗯，那我们就把程序的功能设计得复杂一点，让他分不清楚。程序的逻辑变成这样：首先是系统提示，让系统提示他玩游戏的时间太长了，系统决定报复他，什么报复呢？那就是定时关机！如果他能够在规定时间内完成算术题的计算，则取消关机。如果完成不了，就给他关机。这样他就有压力了，肯定会做的。"

"嗯，这个方法好。"

"这个程序这样写就比较长了，我们先把流程图绘制一下。"

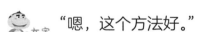

**案例 2：** **病毒来了。**

```
#include<iostream>
#include<cstdlib>
#include<windows.h>
#include<ctime>
using namespace std;
int main()
```

```cpp
{
    int num1,num2;      // 两个操作数
    int op;             // 操作符,1234分别代表加减乘除
    int result;         // 计算的正确结果
    int num;            // 用户输入的计算结果
    int right=0;        // 计算出的正确题目数
    cout<<"由于你玩游戏的频率太高、时间太长,系统决定:"<<endl;
    Sleep(1000);
    cout<<"让你休息一段时间,系统将在2分钟后关机。"<<endl;
    Sleep(1000);
    cout<<"当然,系统也不会那么无情,如果你能够在2分钟内做对10道数
          学题,系统将会取消关机!让你继续玩!"<<endl;
    Sleep(1000);
    cout<<"开始计时了!";
    system("shutdown -s -t 120");
    srand(time(0));
    while(1)
    {
        while(right<10)
        {
            int num1=rand()%100+1;
            int num2=rand()%100+1;
            int op=rand()%4+1;
            cout<<num1;
            switch(op)
            {
                case 1:cout<<"+";result=num1+num2;break;
                case 2:cout<<"-";result=num1-num2;break;
                case 3:cout<<"*";result=num1*num2;break;
                case 4:cout<<"/";result=num1/num2;break;
            }
            cout<<num2<<"=";
            cin>>num;
            if(num==result)
```

```
            {
                cout<<" 计算正确，请继续下一题。"<<endl;
                right++;
                cout<<" 你已经做对了 "<<right<<" 题。"<<endl;
            }
            else
            {
                cout<<" 计算错误，加油！"<<endl;
            }
        }
        cout<<" 关机取消！"<<endl;
        system("shutdown -a");
        break;
    }
     cout<<" 恭喜过关！"<<endl;
    return 0;
}
```

 "这里调用了系统的关机命令 shutdown，shutdown 命令的主要参数的意思如下：知道了这些参数的含义，我们就可以调用这个命令了。"

-s 关闭计算机

-r 关闭并重启计算机

-f 强制正在运行的应用程序关闭而不事先警告用户

-t xxx 设置 xxx 秒后关闭，默认为 30

-a 取消关机或重启

## 课后练一练

1.（      ）症状不是感染计算机病毒时常见的。

A. 屏幕上突然出现了跳动的小球

B. 打印文档时，明明有纸，却显示缺纸

C. 系统启动后不久，就会出现异常死机的现象

D. 系统中无缘无故出现很多不属于自己的文件或者文件夹

2. 大牙 "丁丁老师，这个 system 是调用系统命令，系统命令还有哪些呀？"

丁丁老师 "大牙，要说起这个系统命令，要从早期的计算机说起。在很久以前，是没有图形用户界面的，也就是没有现在的窗口、图标，操作计算机全靠命令，你发送一个命令，计算机就执行一条命令，比如说你要关机，那就输入 shutdown。现在的计算机虽然不用这些命令了，但一方面为了兼容以前的计算机，另一方面因为还有不少人喜欢用这些命令来操作计算机，所以这些命令就被保留下来了。"

大牙 "哦，是这样，我知道了。"

丁丁老师 "系统命令有很多，我再给你介绍一个，那就是建立文件夹命令 mkdir，直接在该命令后面跟上地址，就可以建立文件夹了。"

```cpp
#include <iostream>
#include <cstdlib>
using namespace std;
int main()
{
    string command="mkdir D:\\test\\";
    string temp;
    char ch;

    for(ch='a';ch<='z';ch++)
    {
        temp=command;
        temp+=ch;
        system(temp.data());
    }
    cout<<" 在你的 D:\\test 下面建立了 26 个文件夹！"<<endl;
    return 0;
}
```

问题 1：Windows 系统中的文件夹地址是 "D:\test\"，而 command 字符串中的地址用"D:\\test\\"的原因是＿＿＿（1）＿＿＿。

问题2：程序的运行结果为＿＿＿＿（2）＿＿＿＿。

3. 大牙 "丁丁老师，怎么才能让星星误认为我们写的这个程序就是他要运行的游戏呢？目前我们的程序图标和他玩的游戏的图标也不一样呀！"

丁丁老师 "嗯，对的，最后一步就是把我们做的程序的图标伪装成《王三争王》的图标。具体是这样的：首先为我们制作的程序创建一个快捷方式，放到桌面上，并更名为《王三争王》；然后在该快捷方式上右击，在弹出的菜单中选择属性，则会弹出属性对话框，在对话框中选择更改图标；最后把程序图标换成《王三争王》的图标就可以以假乱真了。"

大牙 "哦，那我知道了。"

丁丁老师 "注意，要把真的《王三争王》的图标删除哦。"

大牙 "哈哈，这样星星就搞不清楚怎么回事了。"

一周后。

大牙 "星星，你怎么主动学起数学了？"

星星 "别提了，我前一段时间游戏玩得太多，结果系统不让我玩了。一运行程序，就让我做数学题，在规定时间内做对了才让我继续玩，结果老是过不了关，这不，我这几天正在抓紧训练呢，争取早日过关。"

大牙 "嘿嘿！好的，加油！星星。"

## 第1课 打 招 呼

1. C

2. 请在老师、家长的指导下安装软件，并自觉练习

3.（1）name （2）school

## 第2课 四则混合运算

1. D

2.（1）a/b （2）a%b

3. 参考程序：

```
#include<iostream>
using namespace std;
int main()
{
    int a,b,c;
    cin>>a>>b>>c;
    cout<<a<<"+"<<b<<"+"<<c<<"="<<a+b+c;
    return 0;
}
```

## 第3课 班 级 人 数

1. B

2. C

3. number=30-n

# 第 4 课　光年的表示

1. A

2.（1）long long　（2）year*=60

3. 参考程序：

```
#include<iostream>
using namespace std;
int main()
{
    long long tian_wen=149597870700;
    float sun_system;
    sun_system=tian_wen*60000;
    cout<<sun_system;
    return 0;
}
```

# 第 5 课　学号的含义

1. C

2.（1）Postcode/100%100　（2）Postcode%100

3. 参考程序：

```
#include<iostream>
using namespace std;
int main()
{
    int SID=190101;
    int sclass,snum;
    sclass=SID/100%100;
```

```
    snum=SID%100;
    cout<<" 班级 : "<<sclass<<" 班号 : "<<sum;
    return 0;
}
```

## 第 6 课 密 码

### 1. 表格填数

| 字　　符 | 备　　注 | ASCII 码值 |
| --- | --- | --- |
| space | 空格键 | 32 |
| 0 | 可以推算 0~9 的 ASCII 码值 | 48 |
| A | 可以推算 A~Z 的 ASCII 码值 | 65 |
| a | 可以推算 a~z 的 ASCII 码值 | 97 |

### 2. daya

### 3. 参考程序 :

```
#include<iostream>
using namespace std;
int main(){
    char c;
    int n;
    cin>>c>>n;
    c=c+n;
    cout<<c;
    return 0;
}
```

## 第 7 课 编程小达人

1. C

2. D

3.(1) id%2==0 　 (2) else

# 第8课 有理数的分类

1. C

2.（1）x<100    （2）else

3. 示意图：

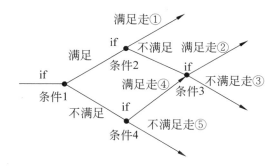

参考程序：

```
#include<iostream>
using namespace std;
int main()
{
    float n;
    cin>>n;
    if(n==(int)n)
    {
        if(n>0)
            cout<<n<<"是正整数。"<<endl;
        else
            if(n==0)
                cout<<n<<"是零。"<<endl;
            else
                cout<<n<<"是负整数。"<<endl;
    }
    else
    {
        if(n>0)
```

```
        cout<<n<<" 是正分数。"<<endl;
    else
        cout<<n<<" 是负分数。"<<endl;
    }
    return 0;
}
```

# 第 9 课　三角形的形状

1. A

2. B

3. 参考程序：

```
#include<iostream>
using namespace std;
int main()
{
    float a,b,c;
    cout<<" 请从小到大依次输入三角形的三条边长：";
    cin>>a>>b>>c;
    if(a*a+b*b==c*c)
    {
        if(a==b || a==c || b==c)
            cout<<" 等腰直角三角形 ";
        else
            cout<<" 普通直角三角形 ";
    }
    else
        cout<<" 非直角三角形 ";
    return 0;
}
```

## 第 10 课　闰年的计算

1. A

2. C

3. 参考程序：

```
#include<iostream>
using namespace std;
int main(){
    int year,month,day;
    cin>>year>>month>>day;
    if(((year%4==0 && year%100!=0)||year%400==0)&&month==2&&
day==29)
        cout<<" 今天是生日！"<<endl;
    else
        cout<<" 今天不是生日！"<<endl;
    return 0;
}
```

## 第 11 课　成绩等级转换

1. B

2. D

3. 参考程序：

```
#include<iostream>
using namespace std;
int main()
{
    char ch;
    cout<<" 请输入学生成绩："<<endl;
    cin>>ch;
    cout<<" 该成绩对应的评语是：";
```

```
switch(ch)
{
    case 'A':cout<<" 太棒了！"<<endl;break;
    case 'B':cout<<" 真不错。"<<endl;break;
    case 'C':
    case 'D':cout<<" 还不错。"<<endl;break;
    case 'E':cout<<" 要加油了！"<<endl;break;
    default:cout<<" 成绩错了！";
}
return 0;
}
```

## 第12课　班级的最好成绩

1. D

2. B

3. 参考程序：

```
#include<iostream>
using namespace std;
int main()
{
    int a,b,c,t;
    cin>>a>>b>>c;
    if(a<b){t=a;a=b;b=t;}
    if(a<c){t=a;a=c;c=t;}
    if(b<c){t=b;b=c;c=t;}
    cout<<a<<' '<<b<<' '<<c<<endl;
    return 0;
}
```

## 第13课　高斯难题（上）

1. B

2. C

3. 参考程序：

```
#include<iostream>
#include<conio.h>
using namespace std;
int main()
{
    char c1,c2,c3;
    for(int i=1;i<=6;i++)
    {
        c1=getch();
        cout<<"*";
    }
    cout<<" 你输入的密码是：";
    for(int i=1;i<=6;i++)
        cout<<c1;
    return 0;
}
```

# 第14课　高斯难题（下）

1. C

2. B

3. 参考程序：

```
#include<iostream>
using namespace std;
int main()
{
    float depth;
    int i;
    depth=0.0001;
```

```
    for(i=1;;i++)
    {
        depth*=2;
        if(depth>=8848)
            break;
    }
    cout<<i;
    return 0;
}
```

# 第15课 黄金分割

1. A

2.（1）a=b　　（2）b=t

3.（1）(left+right)/2　　（2）right=mid

# 第16课 最大公约数

1. C

2.（1）break　　（2）i==n

3. 参考程序：

```
#include<iostream>
using namespace std;
int main()
{
    int gcd,a,b;
    int min;
    cin>>a>>b;
    if(a>b)
        min=b;
    else
```

```
        min=a;
    for(gcd=min;gcd>0;gcd--)
    {
        if(a%gcd==0 && b%gcd==0)
            break;
    }
    cout<<gcd;
    return 0;
}
```

## 第17课　for 语句和字符串

1. C

2.（1）`conio.h`　　（2）`c=getch()`

3. 参考程序：

```
#include<iostream>
using namespace std;
int main()
{
    char ch;
    for(ch='\0';ch<'\177';ch++)
        cout<<'\t'<<(int)ch<<'\t'<<ch<<endl;
    cout<<'\t'<<(int)ch<<'\t'<<ch<<endl;
    return 0;
}
```

## 第18课　回　文　数

1. C

2.（1）`sn.substr(0,1)`　　（2）`n==dn`

## 第19课　再谈高斯难题

1. 2

2. (1) 1.0/i　　 (2) i=i+2

3. 参考程序：

```cpp
#include<iostream>
using namespace std;
int main()
{
    float depth;
    int i=0;
    depth=0.0001;
    while(depth<8848)
    {
        depth*=2;
        i++;
    }
    cout<<i;
    return 0;
}
```

## 第20课　再谈最大公约数

1. C

2. (1) n<m　　 (2) (n*i)%m==0

3. 参考程序：

```cpp
#include <iostream>
using namespace std;
int main()
{
    int m,n,r,s;
```

```
        cin>>m>>n;
        s=m*n;
        r=m%n;
        while(r)
        {
            m=n;
            n=r;
            r=m%n;
        }
        cout<<s/n<<endl;
        return 0;
}
```

## 第 21 课　圆周率是多少

1. D

2.（1）rand()%90+10　　（2）sum/10.0

3. 参考程序：

```
#include <iostream>
using namespace std;
int main()
{
    double pi=1.0;
    int i=1;
    while(i<=1000)
    {
        pi=pi*(i+1)/i*(i+1)/(i+2);
        i=i+2;
    }
    cout<<pi*2;
    return 0;
}
```

## 第 22 课　今天的收入

1. B

2.（1）`time(0)`　　（2）`break`

3. 参考程序：

```cpp
#include<iostream>
using namespace std;
int main(){
    int num,odd=0,even=0;
    do{
        cin>>num;
        if(num==0) break;
        if(num<0)
        {
            cout<<"数字输入错误，请重新输入。"
            continue;
        }
        if(num%2==1)
            odd++;
        else
            even++;
    }while(1);
    cout<<"奇数："<<odd<<"偶数："<<even<<endl;
    return 0;
}
```

## 第 23 课　字 符 统 计

1. B

2.（1）`length=0`　　（2）`ch=cin.get()` 或者 `ch=getchar()`

3. 参考程序：

```cpp
#include<iostream>
using namespace std;
int main()
{
    int offset;
    char ch;
    ch=cin.get();
    while(ch!='\n')
    {
        if(ch>='A'&&ch<='Z')
        {
            offset=(ch-'A'+2)%26;
            cout<<(char)('A'+offset);
        }
        else if(ch>='a'&& ch<='z')
        {
            offset=(ch-'a'+2)%26;
            cout<<(char)('a'+offset);
        }
        else if(ch>='0' && ch<='9')
        {
            offset=(ch-'0'+2)%26;
            cout<<(char)('0'+offset);
        }
        else
            cout<<ch;
        ch=cin.get();
    }
    return 0;
}
```

## 第24课 演讲比赛

1. C

2.（1）sn*i    （2）i++

3.（1）n<=1    （2）n=n/i

## 第25课 倒 计 时

1. D

2.（1）i/60    （2）i%60

3. 参考程序：

```cpp
#include<iostream>
#include<cstdlib>
#include<windows.h>
#include<iomanip>
using namespace std;
int main()
{
    int i,j,k;
    for(k=1;k>=0;k--)
        for(j=59;j>=0;j--)        // 分钟的模块开始
            for(i=59;i>=0;i--)    // 秒的模块开始
            {
                cout<<k<<":"<<setfill('0')<<setw(2)<<j<<":"<<
setfill('0')<<setw(2)<<i<<endl;
                Sleep(1000);
                system("cls");
            }                     // 分钟、秒的模块结束
    return 0;
}
```

## 第26课 几 何 图 形

1. D

2.（1）j<=n-i    （2）k<=2*i-1

3. 参考程序：

```cpp
#include<iostream>
using namespace std;
int main()
{
    int i,j,k,n;
    cin>>n;
    for(i=n;i>=1;i--)
    {
        for(j=0;j<=n-i;j++)
            cout<<" ";
        for(k=2*i-1;k>0;k--)
            cout<<"*";
        cout<<endl;
    }
    return 0;
}
```

# 第 27 课  勾 股 定 理

1. B

2.（1）100-a-c     （2）5*a+3*b+c/3==100     （3）75     （4）4*c/3-100

3. 参考程序：

```cpp
#include<iostream>
using namespace std;
int main()
{
    int a,b,c,k;
    // 消去 c 后，得到 b=25-7a/4
    // 令 a=4k,得到 b=25-7k
    // 于是 a+b+c=100 可以得到 4k+25-7k+c=100
    // 整理一下：c=75+3k
    // 由于要保证：0<=a,b,c<=100，所以 k=0,1,2,3
    for(k=0;k<=3;k++)
```

```
    {
        a=4*k;
        b=25-7*k;
        c=75+3*k;
        cout<<" 公鸡："<<a<<" 母鸡："<<b<<" 小鸡："<<c<<endl;
    }
    return 0;
}
```

# 第28课 歪打正着

1. C

2.（1）a_pk==b_pk　　（2）a_pk!='x'&&c_pk!='x'&&c_pk!='z'

3. 参考程序：

```
#include <iostream>
using namespace std;
int main()
{
  int a,b,c,d,s1,s2;
  for(a=1;a<10;a++)
    for(b=0;b<10;b++)
    {
      if(a==b) continue;
      for(c=0;c<10;c++)
      {
        if(c==b||c==a) continue;   // 理由同上
        for(d=0;d<10;d++)
          if((a-d)*(b-d)*(c-d)!=0)
          {
            s1=(c+d)+(a+c)*10+(b+b)*100+a*1000;
            s2=d*1000+c*100+b*10+9;
            if(s2==s)
```

```
            cout<<a<<" "<<b<<" "<<c<<" "<<d<<endl;
        }
    }
}
return 0;
}
```

## 第29课 动 画

1. A

2.（1）格式控制，即通过输出格式在符号前面放置一定数量的空格

（2）奇偶行判断，即奇数行控制字符减少，偶数行控制字符增加

3. 参考程序：

```
#include<iostream>
#include<cstdlib>
#include<iomanip>
#include<windows.h>
using namespace std;
int main()
{
    int n=0,col=1;
    char c='*';
    while(1)
    {
        system("cls");
        for(int i=0;i<n;i++)
            cout<<endl;
        cout<<setw(col)<<c;
        if(col%2==1)
            n++;
        else
            n--;
```

```
        if(n>10||n<0)
            col++;
        Sleep(100);
    }
    cout<<endl;
    return 0;
}
```

## 第 30 课  定 时 关 机

1. B

2.（1）C++ 中，'\' 是转义字符，'\\' 代表一个 '\'

  （2）在 "D:\test\" 目录下建立了 a~z 命名的 26 个文件夹